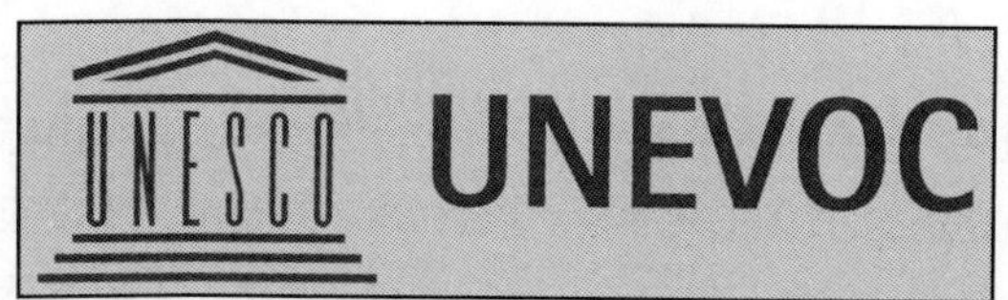

学会做事 全面成长

主　编　张俊茹
副主编　鲍晓华　张智梅

海洋出版社
2015年·北京

内容简介

本书是一本关于“在全球化中共同学习与工作的价值观”教育的教学参考书。以联合国教科文组织国际教育和价值观教育亚太地区网络组织编著的《Learning To Do》一书及其中译本《学会做事》为蓝本。本书秉承原书倡导的“四个学会”（学会认知、学会做事、学会生存、学会共处）的共同宗旨和“健康、人与自然和谐，真理与智慧，爱与同情，创造力，和平与公正，可持续发展，国家统一、全球团结，全球精神”8个核心价值观。

全书共分为35个模块，采用并创新了原书奎苏姆宾四步循环教学法（知晓—理解—评价—行动）。在原型课程的基础上，一方面充分借鉴国际上工作价值观教育的新鲜经验，另一方面积极融入中国优秀传统文化，收入了大量“本土化”、“职业化”教学案例。拓展了开展相关教学活动的有效途径，提供了新形势下工作价值观教育的新范式。

本书献给：

- 我国广大教育工作者，特别是职业院校的教师、辅导员、班主任、教学管理人员，作为选修课、班会课等的教学参考书。
- 企事业单位、职业培训机构，作为开展教学、培训等活动的工作价值观教育读本。

图书在版编目(CIP)数据

学会做事　全面成长/张俊茹主编. —北京：海洋出版社，2012.3

ISBN 978-7-5027-8197-2

Ⅰ.①学…　Ⅱ.①张…　Ⅲ.①成功心理—师资培养—学习参考资料　Ⅳ.①B848.4

中国版本图书馆CIP数据核字（2012）第021936号

总 策 划：吕允英
责任编辑：吕允英
责任校对：肖新民
责任印制：赵麟苏
排　　版：海洋计算机图书输出中心　晓阳
出版发行：海洋出版社
地　　址：北京市海淀区大慧寺路8号（716房间）100081
经　　销：新华书店
技术支持：（010）62100059

发 行 部：（010）62174379（传真）（010）62132549
（010）68038093（邮购）（010）62100077
网　　址：www.oceanpress.com.cn
承　　印：北京朝阳印刷厂有限责任公司
版　　次：2012年3月第1版
2015年9月第3次印刷
开　　本：787mm×1092mm　1/16
印　　张：13
字　　数：320千字
印　　数：4001～6500册
定　　价：29.00元

序　一

翻开《学会做事　全面成长》一书，细细读来，不禁浮想联翩，一段难忘的改革探索之路历历在目。价值观是文化的核心，工作价值观是工业文化的核心。无论是把工业文化融入职业院校还是提升师生工业文化素养，其中核心的任务都离不开工作价值观的教育，本书正是工作价值观教育研究与实验的又一新成果。

2006 年 6 月在联合国教科文组织和教育部领导的支持下，我翻译的国际教育和价值观教育亚太委员会编写的《Learning To Do》一书中文版《学会做事》由人民教育出版社出版。这是一本关于在全球化下共同学习和生活的价值观教育的教师参考书，对于在全球化、市场化、信息化背景下，快速工业化城镇化进程中的中国具有重要借鉴价值。这本书因此成为我们开展的全国教育科学“十一五”规划教育部重点课题“职业教育中价值观教育的比较研究与实验”课题的重要参考资料。6 年过去了，研究者的成功经验证明，大胆借鉴和学习国际上成功的做法，开展职业教育中工作价值观教育的研究，拓展新形势下学生价值观教育的有效途径，无论对职业教育的改革，还是对青年学生的成长，都具有十分重要的意义。

北京电子科技职业学院最初以《Learning To Do》一书在《中国职业技术教育》杂志 2005 年第 25 期开始陆续刊登的内容为参考，组织部分教师认真研读，大胆实验，于 2006 年 2 月在全国率先开设了“学会做事”选修课程，他们是我们课题成员中的先行者和拓荒人。其后，课题在更广大的范围内开展了研究实验，研究队伍扩大到 120 所院校的 800 多名教师，参加教学实验的学生超过 20000 名。在“学会做事”课程实践中，北京电子科技职业学院课题组，遵循工作价值观教育规律，紧密联系实际，培养学生正确的工作价值观，注意与中国传统文化结合，与学生思想实际结合、与职业教育特点结合，教会学生如何做人。努力使课程内容职业化、本土化。除在本校开设“学会做事”课程外，还将课程扩大到北京其他高职学院和中职学校、北京大学平民学校、企业新员工培训和其他单位的在职培训，受到了学员的普遍欢迎，取得了很好的效果，《北京青年报》、中央电视台、《中国教育报》、《中国职业技术教育》、《职业技术教育》等媒体、都先后进行了报道。

工作价值观的教育采取什么方法，才能贴近青年学生的实际，适应他们的认知、体验、感悟和实践的特点，《学会做事　全面成长》一书的作者们进行了长期不懈的努力和艰苦探索，在教育的途径和方法创新中走出了一条科学有效的道路。该书采用以学习者为中心的模块化课程体系，对“知晓—理解—评价—行动”的四步循环教学法，做了进一步的创新发展，形成了顺序循环法、非顺序循环法、自循环法等，更有效地引导学习者互动、感悟、情感体验、指导行动。该书收录了大量鲜活生动、贴近生活的案例，实现了价值观教育从重内容到重过程、从重认知向重评价、从教师中心向学生中心的三个转变。该书是北京电子科技职业学院课程团队老师们教学实践的真实记录，是教学成果的集中体现，是课题研究的丰硕果实，是师生劳动的智慧结晶。该书的出版反映了课程团队老师们善于学习、勇于实践的作风，改革创新的精神，体现了老师们较高的教学水平和教学能力。

在我国快速工业化进程中，迫切需要加强文化建设，亟待提高全民族特别是全体劳动者的工业文化素养。落实党的十七届六中全会提出的建设文化强国的伟大战略，职业教育的内涵发展、质量提升离不开文化传承创新。校企合作培养具有工业文化素养的技能人才，推进职业院校文化建设，提高文化育人水平，是职业教育战线贯彻落实十七届六中全会精神的重要任务。

《学会做事　全面成长》一书的出版，为各院校提供了一个工作价值观教育教学的新范式，提供了一个可借鉴的新的教学方法，开辟了教书育人新的路径，打开了教学改革新的思路，搭建了一个共享教学资源的交流平台。在该书出版之际，希望《学会做事　全面成长》能在开展工作价值观教育中发挥重要作用，也希望更多院校在开展工作价值观教育中通过了解此书对读者有新的思想启迪并打开新的视野。

坚持以我为主、为我所用，学习借鉴一切有利于加强我国社会主义文化建设的有益经验，我们需要继续敞开胸怀学习借鉴世界人类共同文化成果，同时也要加强对话与交流，使具有中国社会主义特色的文化成果包括工作价值观教育和工业文化教育的成果走向世界。

中国职业技术教育学会副会长

教育部职业技术教育中心研究所副所长

余祖光

2012 年 2 月 16 日

序　二[①]

教育可以改变世界，教育决定着我们的未来。在经济全球化、政治多极化、文化多样化趋势日益明显的当今世界，越来越多的国家都不约而同地把对青年一代的教育放在了更加突出的位置。为探索合适的培养途径，各国都做出了自己的努力，联合国教科文组织也长期致力于这一领域的工作。早在1996年，以德洛尔为首的21世纪教育委员会，就提出了新世纪需要青年人“学会认知、学会做事、学会共处、学会生存”。这一理念对新世纪教育的实践产生了深远的影响。

2005年，联合国教科文国际教育和价值观教育亚太地区网络组织编写的《学会做事》（Learning To Do）一书，在联合国教科文职业技术教育与培训国际中心的支持下出版了。这是一本关于在全球化下共同学习和工作中的价值观教育的教师参考书，该书弘扬了“四个学会”的共同宗旨，倡导了健康、人与自然和谐，真理与智慧，爱与同情，创造力，和平与公正，可持续发展，国家统一、全球团结，全球精神八个核心价值观，提出了具有操作性的课程建议方案。

学会做事的前提是学会做人，这也是这本书的宗旨。教育要促进人的身心、智力、情感、审美意识、责任感和精神价值等方面的发展，使之成为一个全面发展的合格公民。职业教育培养的人，既要掌握技能和技术，还要自尊、自立，具备独立工作和团队工作能力，诚实正直、守时负责；既有全面的综合知识，又具备某个领域的专门知识，具备在学习型社会继续学习的能力。在经济全球化不断深化的时代里，教育还要培养人的全球视野和国际沟通与交流能力，能够在不同文明之间对话，正确认识国际竞争与合作、生态环境、多元文化、和平发展等方面的国际问题，关心人类的共同发展。

《学会做事》一书的重点是为教师提供系统的、具体的价值观教育的教学途径与方法。这本书知识面广、内容新颖，涉及了经济、社会、文化和政治的各个方面，内容表达形式多样，有来自各种文化的诗歌、寓言、故事，许多文献资料都是2000年以来发表的。尤其值得称道的是其介绍了灵活多样的教学组织形式与教学方法，通过情景、参与、互动形成自主学习、合作学习的良好氛围，完成价值认知与理解、价值评价与价值实践这样一个知、情、意、行的完整学习过程。

今天，我们国家正在全面推进素质教育。素质教育的实质目标，就是要使我们的学生既学会做人，又学会做事。所以，我们反复地强调要育人为本、德育为首，要促进学生的全面发展，要突出创新精神和实践能力的培养。在实践这些教育理念的过程中，不

① 本书以联合国教科文组织国际教育和价值观教育亚太地区网络编著的《Learning To Do》一书及其中译本《学会做事》为蓝本。该序为《学会做事》中文版序。

但要认真地总结我们自己的经验，还要大胆地借鉴和学习国际上成功的做法，融中西之长于一炉，这是提高我国教育质量和国际竞争力的一个非常重要途径。《学会做事》这本书有助于开阔我们的视野，有助于拓展新形势下学生价值观教育的有效途径，也会在教育教学的改革实践中给我们以新的启发，尤其是对职业教育院校的教师具有重要的参考价值。

现在，教育部职业教育中心研究所副所长余祖光先生翻译的《学会做事》中文版，由人民教育出版社正式出版了。我衷心希望《学会做事》中文版，对职业教育以至于对于整体教育都有所启迪，同时也希望广大教育工作者根据我国的国情和文化有选择的应用，创造性的发展。

中华人民共和国教育部副部长
中国联合国教科文组织全国委员会主任
联合国教科文组织执行局主席
章新胜
2006 年 5 月 22 日

前　言

由联合国教科文组织国际教育和价值观教育亚太地区网络组织编写的《Learning To Do》一书，在联合国教科文组织职业技术教育和培训国际中心的支持下于2005年出版。《Learning To Do》的中译本《学会做事》由教育部职业教育中心研究所副所长余祖光先生翻译，于2006年在我国面世。这是一本关于在全球化下共同学习和工作中的价值观教育的教学参考书。该书弘扬了“四个学会”(学会认知、学会做事、学会生存、学会共处)的共同宗旨，倡导了健康、人与自然和谐，真理与智慧，爱与同情，创造力，和平与公正，可持续发展，国家统一、全球团结，全球精神八个核心价值观，提出了具有操作性的课程建议方案。

北京电子科技职业学院从2006年2月以《学会做事》为蓝本在全国率先开设了“学会做事”选修课程。课程团队的老师们秉承原书35个教学模块框架，采用书中介绍的奎苏姆宾四步循环教学法（知晓—理解—评价—行动），根据教学要求和学生特点，精心选取案例，合理设计互动环节。每个模块为90～100分钟。课程受到了学生们的普遍欢迎，一直开设至今，已有6年的时间，成为我国职业院校开设“学会做事”选修课实验的成功案例。

该课程无论是从酝酿开设，到课程的组织实施、效果评价，还是在本校取得良好教学效果后受邀外校，乃至企事业单位上课，都得到了中国职业技术教育学会和教育部职业技术教育中心研究所的大力支持和指导，及北京市教委高教处和北京电子科技职业学院领导的关心和帮助。

为了完善教学内容、巩固实验成果，老师们在大量课程实践的基础上编写了教学参考书——《学会做事　全面成长》。该书既是教学经验的总结，又是大家辛勤劳动的结晶。在编写过程中，老师们在参照原型课程的基础上，一方面充分借鉴国际上工作价值观教育的新鲜经验；另一方面积极融入了中国优秀传统文化，收入了大量“本土化”、“职业化”教学案例。本书是课程建设的阶段性教学成果，也是全国教育科学“十一五”规划教育部重点课题《职业教育中价值观教育的比较研究与实验》(课题批准号：DJA060170)课题研究的成果之一。该课题的研究成果《工作价值观教育的创新与实践》被评为第二届中国职业技术教育科学研究成果奖一等奖。

本书由张俊茹主编并统稿，余祖光主审。本书35个模块编写分工如下：鲍晓华编写模块3、4、26、28、29、32；张智梅编写模块11、12、13、18、19、23；梁玉芹编写模块1、2、9、16、34；廉诗红编写模块5、6、22、35；安淑春编写模块14、15、17、20；邹忠编写模块10、24、33；张俊茹编写模块21、30、31；杨改玲编写模块7、

8；侯丽洁编写模块25、27。刘静、王建丽、石莉芸、David Charles Guyer、张建荣也参与了本课程的建设与管理，为本书的编写提出了宝贵的意见和建议。中国职业技术教育学会副会长、教育部职业教育中心研究所副所长余祖光先生也对本书的出版给予了许多指导和帮助，在此表示衷心的感谢。

在编写过程中力求做到严谨细致、精益求精，由于作者水平有限，书中难免存在不足之处，希望得到读者和同行的批评指正。

编　者

2012年2月10日

卷首语

很多人都会对你说，
工作意味着诅咒，劳动带来了不幸。
但我要告诉你，
当你工作的时候，
你在实现着人类最深远的梦想，
这个梦想从刚一诞生开始，
实现它的任务就落在了你的肩头。
只有不断地工作，你才能真正热爱生活，
只有通过劳动，你才能领悟到生活的真谛。
只有工作着，知识才不会浪费；
只有充满爱，工作才不会枯燥；
只有让爱伴随着工作，
你才会贴近自己的心灵，贴近别人，贴近上帝。

纪伯伦

摘自《先知》

目　录

中心价值观　人的尊严　劳动的尊严

模块 1
以尊重待人

这一模块相关联的中心价值观是人的尊严，即尊重人的基本权利，满足所有人的基本需求，使每个人都有发展他们潜能的机会。积极创造一切条件和机会。

【学习目标】

- 承认一个人与生俱有的尊严，作为人类一员，具有不可剥夺的权利和自由。
- 回想自己在过去受到尊重的一次个人经历。
- 检视对一个人如何受到尊重的影响因素。
- 通过维护人的权利和自由，主张人的尊严。

【学习内容】

- 《世界人权宣言》。
- 社会政治层面对人的尊严和权利的侵犯。
- 主动维护权利和自由的方法。

【学习活动】

认知层面——知晓

《世界人权宣言》1948 年 12 月 10 日，联合国大会通过第 217A（III）号决议并颁布："人人生而自由，在尊严和权利上一律平等。他们赋有理性和良心，并应以兄弟关系的精神相对待"。

"这是一个人与生俱有的尊严，神圣不可剥夺"。

《中华人民共和国宪法》明确规定“国家一切权力属于人民”，“人民是国家的主人”。

设计活动：请各小组讨论识别不尊重的现象，列举出条目，同时提出的校正的方法（方案）。

具体参考方法：

1. 协调员将参加学习者分成小组，要求各小组对所提出的问题进行讨论交流。

2. 协调员请各学习小组思考讨论后，委派代表发言。

3. 协调员在各组发言的基础上整合、提炼讨论发言成果，并进一步结合社会生活事例，强化对尊重与尊严的认知度和重视度。

4. 协调员注意强调尊严是每一个人与生俱有的，因此，也同样具有相应的权利和自由。协调员提出，然而并非每个人都对尊严、权利和自由具有亲身体验。

5. 协调员结合在讨论的基础上及时延伸尊重的内容：尊重应得的利益；尊重人格的尊严；尊重神圣的劳动；尊重劳动的成果。

设计思考点：人人都得到尊重了吗？为什么？如何尊重？

（1）各学习小组思考讨论，并尝试设计解决方案。

（2）协调员请各小组成员主动阐述本组讨论设计结果。

（3）协调员引导学习者进行评价各组的讨论设计亮点。

（4）协调员与学习者共同整合、提炼讨论发言成果，并引入事实案例，帮助学习者体验“尊重的力量”。

案例：

尊重的力量

在拥挤的公交车内，小李不小心踩到了一位农民工的脚。于是小李忙回头，跟农民工笑着道歉：不好意思！民工先是一愣，好半晌才露出一个难看的笑容，却没有说话。那笑，很憨厚，很朴实，却显得特别的僵硬……再过了几站，上车的人继续增多，车内变得很拥挤。小李又不自觉地向后一退，又一次不小心踩到了农民工的脚。于是小李忙回头，笑着再次跟农民工道歉：对不起。农民工还是愣了半天才回过神，露出那个憨厚又僵硬的笑容。后来小李感觉到旁边有一个扒手在偷他的钱包。是的，他发现了。当他回过神来时，扒手早已把钱包偷到手了，他想大喊，可是却想到这个社会的世态炎凉，这让他只能默哀自己倒霉。这时一直站在小李旁边的农民工，出手抓住了小偷，并抢回了钱包，那小偷恼羞成怒，随即拿出刀子威胁农民工，要么把钱包还给他，要么就白刀子进红刀子出，小李看这情形害怕了，劝农民工把钱包给小偷算了，并说里面并没有什么值钱的东西。其实，小李这是谎话。钱包里有一千多块钱，还有许多重要的证件等等，可是为了农民工的安全，他只能撒谎了。他知道生命是无法用钱去衡量的。农民工没听小李的话，也没理会扒手的威胁，把钱包还给了小李。扒手非常恼怒，真的上演了白刀子进红刀子出的一幕。车内的乘客被农民工见义勇为的行为感动，都帮忙擒住了扒手，并将其送去了派出所。而那位农民工，被送去了医院抢救。还好伤势并无大碍。

新闻台的记者来医院采访农民工。问他为什么不畏扒手，见义勇为？

农民工还是憨厚地笑，然后用浓重的乡音回答记者的问题：“以前我也曾看见许多这样的事情，但是我都沉默不语，当做没看见。而今天那扒手要偷的，是一位尊重我，我也很尊重他的人。”

记者很不解他的话。农民工还是憨厚地笑着说：“我来城里打工八年了，从来没人尊重过我。每次坐公交车，我的脚都会被人不小心而踩到，可是他们只看了我一眼，什么也没有跟我说。而今天的他却不一样，他连续不小心踩了我两次，两次都面带微笑地跟我道歉，我觉得这是对我的尊重，也觉得我终于在这个城市里得到了人最基本的尊重，你说，这样的好人，我能不尊重他吗？我能不出手帮他吗？

农民工的话让我们深思，大家想一想，这就是尊重产生的力量吧。

情感层面——评价

协调员导入下一层面：人是需要尊重的！

设计活动：心灵情感回忆——请回忆自己曾受到的难以忘记的尊重/感受；难以忘记的不尊重/感受。

6. 参与者分成小组，分享交流关于这一内容的体验。

7. 在分享交流之后，协调员聚集小组成员，听取来自小组成员的情感体验。

8. 协调员利用下列问题引导来自参与者的进一步反响：

（1）据你的观察，你在个人尊严和个人价值方面待遇的得与失，是个别现象还是普遍现象？

（2）这些回忆的结果，给你带来何种感受？

（3）通过这一过程，你最终学习到、认识到什么内容？

（4）从各方面的分享、交流中，你认为个人的问题得到了什么答案？

（5）引入真实案例：

案例：

十年的困惑

事情发生在十年前的某一天，山东省某城市出租司机苏师傅拉的一位乘客，因付费时的争吵，给苏师傅带来了十年的困扰。具体情况是：乘客硬说苏师傅的表多打了钱，而且出言不逊，以恶言恶语对苏师傅表现出极大的不尊重。收车后，苏师傅发现一个黑皮包丢在了车里（包内有四万元钱），因双方之间争吵的不快，他没有主动去寻找失主，但过两天后，失主找来，说自己丢了钱包，还说包里有四五万元钱。这时，苏师傅想，如果对方说句道歉的话，还给他就是了，可对方不但没说一句道歉的话，反而自己还要搭上一万元，加之前面的不快，就说没有见到黑皮包。苏师傅说，这四万元一直在家放着，自己没有花一分，可是一直像一块“石头”压在心头，他每天都在盼望着对方找到自己说一句道歉的话，把钱还给人家，去掉这块“心病”，但一直没有等到。在这十年间，他无心做任何事情。在结婚十周年之际，他决心要解决这件事情，不能再这样下去了。于是，他找到当地公安派出所，将十年前发生的事情细说，要求帮助找到失主，最终了却了他的“心病”。

分组讨论评议此案例：

穿插现实生动案例体验不被尊重的心理感受及其社会后果，以引导和启迪学习者对尊重的深层感悟，呼唤心灵深处对人的尊严维护的强烈渴求。将对人的尊重、尊严内化为情感，外化为行动，从我做起，从点滴做起，一如既往，坚持不懈，为社会的文明进步贡献智慧和力量。

概念层面——理解

9. 协调员综合参与者的讨论见解，并引导学习者对尊重、尊严的深刻理解，并引伸到社会的层面：一些社会现实是如何影响社会、文化和人们对于人的态度的。这可能包括：财富和资源的不均等分配，不宽容和偏见的存在，社会暴力，等等。目前，我们积极构建和谐社会对于在更大范围和更深层面对人的尊重及维护人的尊严的重大意义。

活动层面——行动

设计头脑风暴：共同制定“尊重公约”。

10. 提示思考空间：

（1）学习场所；

（2）日常生活场所；

（3）社交场所；

（4）家庭场所；

（5）职业场所；

……

11. 小组充分讨论，列出条目：整理并写在纸上，邀请每个成员在公约上签字。

12. 设计社会角色扮演等。

协调员总结：

（1）尊重，敬重，重视，你我他都需要。

（2）不分国度，不分民族、性别、年龄、身份、地位和贫富。

（3）尊重科学，尊重人格，尊重人自身。

（4）让尊重的优秀文化在世界发扬光大。

（5）走出国门勿忘尊重他人，彰显自尊。

13. 音乐：《光辉岁月》从而达到这节课的高潮。

协调员重申每个参与者都具有价值，应得到同等的尊重。协调员激励参与者维护自身的权利。

【所需材料】

- 记录着人类的一些权利和自由的长纸条。
- 文章：《人权宣言》。
- 关于社会政治现实的视听资料。
- 图标、图表。
- 纸和笔。
- 白板。
- 歌曲。

【评价方式】

思考现实社会生活中尊重与被尊重的重要意义。

【建议读物】

1. 卢德斯．R．奎苏姆宾，卓依·德·利奥．学会做事——全球化中共同学习与工作的价值观［M］．余祖光，译．北京：人民教育出版社，2006．

2. 阿尔弗雷德松．世界人权宣言［M］．成都：四川人民出版社，1999．

3. 中华人民共和国宪法［M］．北京：法律出版社，2003．

模块 2
工作的意义

这一模块相关联的中心价值观是劳动的尊严，所讲述的是对劳动的尊重，这是所有价值中的顶级价值。尊重劳动，即是学会和欣赏所有形式的工作，并且认识到工作无论是对个人的自我实现，还是对社会进步与发展都做着双重贡献。

【学习目标】

- 探究各种形式的由个人承担的工作。
- 认识这些工作的贡献及其意义。
- 从整体上欣赏这些工作。
- 献身于“有意义的工作”之中。

【学习内容】

- 富有意义的工作。
- 认识工作，感悟工作，热爱工作。
- 工作使人美丽与富有，工作使人高尚与伟大。

【学习活动】

认知层面——知晓

1. 工作（职业的种类）并了解自己所学专业与未来工作的关系。《中华人民共和国职业分类大典》将我国社会职业归为 8 个大类，66 个中类，413 个小类，1838 个职业。

8 个大类分别是：

第一大类：国家机关、党群组织、企业、事业单位负责人；

第二大类：专业技术人员；

第三大类：办事人员和有关人员；

第四大类：商业、服务业人员；

第五大类：农、林、牧、渔、水利业生产人员；

第六大类：生产、运输设备操作人员及有关人员；

第七大类：军人；

第八大类：不便分类的其他从业人员。

帮助学生认识社会生活是一个大系统，每个人及其需要都处于大系统之中。

2. 协调员运用生活案例引导学员以自己对工作的理解和认识，谈谈为什么要尊重劳动？劳动的价值是什么？价值存在哪里？进而向学员介绍自己所从事的不同形式的工作，从中理解工作（劳动）不仅对职业者自身具有很重要的意义，而且对于社会的意义也很重大。引发学员对工作的深层了解。认识和理解端正工作态度的重要性。

案例：

对工作认真负责

油漆工沃尔顿收到了著名的耶鲁大学的录取通知书。但是，因为家穷，他交不起学费，面临失学的危机。他决定趁假期去做油漆工。他对工作认真负责的态度，得到老板迈克尔的奖励，迈克尔愿意赞助他完成大学学业。他不仅顺利读完大学，毕业后还娶了迈克尔的女儿为妻，进入了迈克尔的公司。十年后他成了这家公司的董事长。

情感层面——评价

3. 协调员将学员的思考带入另一环境（情感体验）请参与者回忆自己曾经历的打工或其他社会活动中的工作，讲述曾留下的记忆感受。进而深入理解工作艰辛及其工作者与工作的关系、工作者与工作与社会职业的关系问题，引导学员对此问题进行研究。

设计活动：工作意义调查问卷，针对在校学生的具体情况，问卷所调查的内容及对象，定位在学员自己和学员的“父母” 两份问卷调查（问卷附后）。

（1）第一栏，在栏目“工作的经历”下面，参与者需要列举出他们自己曾经做过的所有形式的工作。这包括非正式工作、可能没有经济报酬的工作，例如家务劳动。

（2）第二栏，在栏目“耗用的精力”下面，参与者需要指出每一项工作所耗用的一种或多种精力。参与者可以从以下的四种精力中进行选择，并采用代表符号作答：

P=Physical	体力	M=Mental	智力
E=Emotional	情感	S=Spiritual	精神

一些工作可能只需要某一种精力，另一些工作可能四种精力都需要。

（3）第三栏，在栏目“满意水平”下面，参与者可以用相应的符号标出个人对这种工作的满意程度，可以采用下列符号：

HS=High Satisfaction	代表非常满意
AS=Average Satisfaction	代表满意
LS=Low Satisfaction	代表比较不满意
NS=No Satisfaction	代表不满意

（4）第四栏，在栏目“获取的利益”下面，参与者需要写下这些工作所带来的各种收益。注意，这里的利益分为两个层面：一个是个人层面的获益，一个是社会层面的获益。前者侧重参与者自身从工作中所获取的利益，而后者则强调了这一工作对他人、组织和社会的贡献。每个人关于收益的回答可能都不尽相同，从物质回报到无形的个人满足等。协调员需要提醒参与者务必详细地填写这一表格。

4. 问卷表格填写完成后，协调员将参与者的注意力引导到以下两个方面的问题上。

第一，针对那些低满意度和不满意的工作形式上。协调员建议他们写一段与这种工作的虚构的对话交流。这一过程将有利于将他们对这些工作的看法进行梳理，同时也可能会引发他们对这些工作的意义进行再定位。协调员要引用生活中的真实案例，并加以分析说明，帮助和引导参与者思考此类问题的社会意义，并掌握进行这种认识和对话的方法。第二，引导参与者从劳动所耗费精力体力的过程中思考珍惜劳动成果，从而强化尊重劳动，尊重劳动者，尊重劳动成果的意识，培养艰苦朴素、勤俭节约的良好习惯。

5. 协调员给参与者一定时间来与伙伴分享得出的结果。

6. 协调员对这一过程对参与者的影响，以及参与者从中所得到的领悟与体会进行归纳。认识和维护劳动的尊严，尊重劳动者，体验劳动过程，珍惜劳动成果。

概念层面——理解

7. 协调员总结参与者各自不同的回答，并将此联系到工作的价值上。协调员应强调界定一个工作是否富有意义的特征。这些特征包括：

- 当我们把工作看做，不仅仅是维持生计或有所成就，而且是一个扩展自我，利用自身内在资源和激发个人潜能的一个过程，工作就对个人具有了意义。
- 因此，富有意义的工作，应该是符合并且能够发挥个人能力的，特别是我们所谈到的四种精力——身体的、智力的、情感的和精神的。工作所利用的精力种类越多，工作的意义就越丰富。
- 富有意义的工作必须让人成为工作过程的主人。一个人必须能够享有工作中应有的自主权，并且能够掌握控制自己的工作。
- 富有意义的工作所带来的回报通常是内在的多于外在的。乐趣和满足通常是富有意义工作的结果。当工作与个人需要紧密结合时，富有意义的工作甚至可能成为一种精神力量。
- 在富有意义的工作中，人创造了工作，作为回报工作也创造了他自身。我们必须感谢工作对我们所做出的贡献。
- 最终，富有意义的工作不仅仅能帮助个人实现个人幸福和自我价值，而且能够为社会的进步和发展做出贡献。
- 尊重各行各业的劳动者。

认识劳动不分贵贱，各行各业的劳动都是光荣的。懂得社会生活需要各种劳动，各行各业的劳动者都是为人民服务，都值得尊重。

案例 1：

农民工对社会的贡献

来自中国社科院人口经济研究所专家的报告说，改革开放近 30 年，劳动力流动对 GDP 贡献率达 21%——谁还能小瞧农民工对中国经济发展的巨大贡献？

报告说，没有城市户口的农民工已占第二产业的 57.6%，商业和餐饮业的 52.6%，加工制造业的 68.2%，建筑业的 79.8%。换言之，如果没有农民工，超过一半的饭店要停业，近七成的生产厂家要关门，近八成的大楼建不起来！

案例 2：

人创造了工作，作为回报工作也创造了他自身

高山，绥棱县克音河乡向荣村农民，15 年前，他突破土地围城，由别人带着去打工。彩虹总在风雨后，经过了十几年的打拼，高山从一贫如洗的农民工成长为老板。2001 年，他创建了奇峰实业，下辖奇峰建筑公司、月牙泉洗浴中心、奇峰建材塑钢厂三个经济实体，注册资金达 400 万元，固定资产达 700 万元，年纳税 100 余万元，拥有固定员工 170 多人，临时性用工每年都达 1000 多人，业务范围已遍及东北，并延伸到天津、南京和郑州等地。承包的工程也越来越大，像哈市报业大厦、和兴大厦、东方学院学生公寓、哈工大园丁公寓等都是奇峰建筑公司承建的，他的事业不断发展和延伸。工作成就个人，奉献社会。

活动层面——行动

8. 协调员敦促参与者继续投身于富有意义的工作中，并提出如下问题帮助参与者进行小组讨论活动：

（1）我是否关注了工作本身？

（2）我能通过工作全面表现自我吗？

（3）我是否投身于富有意义的工作之中了？

（4）我是否具有足够的毅力和技能来做好我的工作？

协调员请各小组一名成员讲述讨论观点，并进行提炼总结。

9. 协调员在总结这一课时，请每位参与者都提交一段关于他们认为最能体现工作有意义的领悟的一段话。

10. 填写下面的表格。

学员自己/父母工作的意义				
工作的经历	耗费的精力	满意程度	个人利益水平	社会效益水平

【所需材料】

- 各种形式的工作标志。
- 关于社会劳动现实的视听资料。
- 图标、图表。

- 纸和笔。
- 白板。
- 歌曲。

【评价方式】

1. 通过学习与交流，对工作有了哪些新的认识？
2. 你对未来的工作，应做什么样的规划？

【建议读物】

1. 卢德斯．R．奎苏姆宾，卓依·德·利奥．学会做事——全球化中共同学习与工作的价值观［M］．余祖光，译．北京：人民教育出版社，2006.

2. 江泽民．全面建设小康社会，开创中国特色社会主义事业新局面［M］．北京：人民日报出版社，2002.

模块 3
倡导良好的工作场所

这一模块与中心价值观——人类的尊严和劳动的尊严相关联。人的尊严指每个人都应该意识到，获得尊重和基本的个人需求是人的一项基本权利，这样每个人才有机会发展他们的潜能。劳动的尊严指尊重和欣赏所有形式的工作，并且认识到这些工作对个人的自我实现和对社会进步与发展所做出的双重贡献。

【学习目标】

- 熟悉我国维护雇用就业中人权的主要法律法规及其主要规定。
- 理解这些权利对当前工作场所中存在问题的影响和实际价值。
- 确认哪些价值可以提升工作场所中的人权，及这些价值如何贡献于人类的尊严。
- 使这些价值内化，充满信心地将其应用到自己生活和工作中去。
- 倡导良好的工作场所。

【学习内容】

- 与雇用劳动中人权的相关文件
  ——《中华人民共和国宪法》
  ——《中华人民共和国劳动法》
  ——《中华人民共和国劳动合同法》
  ——《工厂安全卫生规程》
  ——《职业病范围和职业病患者处理办法的规定》
  ——《国营职工个人防护用品发放标准》
  ——《工业设计卫生标准》
  ——《尘肺病防治条例》
  ——《女职工劳动保护规定》
  ——《女职工禁忌劳动范围的规定》
  ——《矿山安全条例》
- 工作场所可能出现的问题

【学习活动】

认知层面——知晓

1. 重申本课程的背景。

（1）材料来源：联合国教科文组织。

（2）材料内容：人类在该文化（精神）领域的前沿成果。

（3）终极目标：尊重人；尊重劳动——创造和谐环境，与我国建立和谐社会的目标一致。

（4）趋势定性：西风东渐的继续。

2. 前后衔接：模块 1“以尊重待人”和模块 2“工作的意义”与本模块倡导良好的工作场所，以最基本的人生态度和生存手段来达到我们良好工作场所的工作目的。

3. 词义辨析

（1）倡导：提倡、引导之意，而不是直接用“建立”，与国际法的性质是密切联系的。国际法，与国内法是由国家立法机关依据一定程序制定的不同，它是各个缔约国协调或妥协意志的产物，某种意义上，有类似于合同的性质。但现在在一些商务领域已经有了部分统一实体法。

（2）工作：也就是劳动，是人类改造自然物质世界和自身精神世界的活动，并不局限于工厂与车间之中。

（3）环境：是围绕着人类的外部世界。

思考：本次授课过程中，“工作环境”一词与“生活环境”一词表现出较大的重叠性，二者能否绝然区分开来？

（4）良好的：形容词，带有主观色彩，小偷与警察的“环境”和“良好的”不一样，贪官与清官的不一样；老鼠和猫的不一样，父母子女的不一样，老师学生的也不尽一致。

也就是这个主观色彩的形容词，因为与客观的，对人类、对群体、对个人都有利的，具有可持续性发展的，良好的环境和氛围不可能一致，因此历史上上演过一幕又一幕的所谓“良好的生存空间”也好，“良好的工作环境”也罢的人类与自然及人类内部的斗争史。

4. 对工作场所的认识。

（1）纵向透视

- 春秋战国以前（公元前 536 年以前）中国历史上的统治阶级十分重视法律，当时的传统是“刑不可知，则威不可测”。
- 凯撒大帝的“我来，我见，我征服”：（I came, I saw, I conquered!）为什么要花力气率领军队去攻城掠地？
- 希特勒的生存空间理论。
- 日本建立“大东亚共荣圈”妄想。
- 孙中山先生的“革命尚未成功，同志尚须努力”——努力建立一个良好的“驱除鞑虏，创立中华”的工作和生活环境。
- 毛主席提出的“为人民服务”口号，即为人民创造一个良好的工作和生活环境。
- 今天世界贸易组织的目的——为建立一个世界范围的良好的商业的工作环境。

（2）横向透视

- 萨达姆与审判他的法官关于“良好的”概念。
- 农民工与（部分）包工头关于“良好的”概念。
- 父母与我们的关于“良好的”概念。
- （部分）老板与工人关于“良好的”概念。

思考：

① 在今天世界上，谁的良好的价值观最有可能代表着全人类的共同利益？

② 什么样的工作、生存环境最能不被时间淘汰？（主观和客观两重标准 ）

分组讨论：

你认为什么样的工作环境是良好的？指标是什么？

（3）客观层面

卫生、空间、绿化、温度、湿度、噪音、色彩搭配、气候、交通、法制环境、语言等。

（4）主观层面

① 领会人类发展到今天理智的文明程度与广度？

② 化干戈为玉帛，世界进入以和平与发展为主题的历史阶段。

③ 我国政府为建立良好的工作场所所制定的法律法规有哪些？

中华人民共和国宪法；中华人民共和国劳动法；中华人民共和国劳动合同法；工厂安全卫生规程等。

附件 1：《中华人民共和国劳动法》（摘选）

第二十九条　劳动者有下列情形之一的，用人单位不得依据本法第二十六条、第二十七条的规定解除劳动合同：

（一）患职业病或者因工负伤并被确认丧失或者部分丧失劳动能力的；

（二）患病或者负伤，在规定的医疗期内的；

（三）女职工在孕期、产期、哺乳期内的；

（四）法律、行政法规规定的其他情形。

第三十条　用人单位解除劳动合同，工会认为不适当的，有权提出意见。如果用人单位违反法律、法规或者劳动合同，工会有权要求重新处理；劳动者申请仲裁或者提起诉讼的，工会应当依法给予支持和帮助。

第四十四条　有下列情形之一的，用人单位应当按照下列标准支付高于劳动者正常工作时间工资的工资报酬：

（一）安排劳动者延长工作时间的，支付不低于工资的百分之一百五十的工资报酬；

（二）休息日安排劳动者工作又不能安排补休的，支付不低于工资的百分之二百的工资报酬；

（三）法定休假日安排劳动者工作的，支付不低于工资的百分之三百的工资报酬。

第五十八条　国家对女职工和未成年工实行特殊劳动保护。

未成年工是指年满十六周岁未满十八周岁的劳动者。

第五十九条　禁止安排女职工从事矿山井下、国家规定的第四级体力劳动强度的劳动和其他禁忌从事的劳动。

第六十条　不得安排女职工在经期从事高处、低温、冷水作业和国家规定的第三级体力劳动强度的劳动。

第六十一条　不得安排女职工在怀孕期间从事国家规定的第三级体力劳动强度的劳动和孕期禁忌从事的劳动。对怀孕七个月以上的女职工，不得安排其延长工作时间和夜班劳动。

第六十二条　女职工生育享受不少于九十天的产假。

第六十三条　不得安排女职工在哺乳未满一周岁的婴儿期间从事国家规定的第三级体力劳动强度的劳动和哺乳期禁忌从事的其他劳动，不得安排其延长工作时间和夜班劳动。

第六十四条　不得安排未成年工从事矿山井下、有毒有害、国家规定的第四级体力劳动强度的劳动和其他禁忌从事的劳动。

第六十五条　用人单位应当对未成年工定期进行健康检查。

附件2：《中华人民共和国劳动合同法》（摘选）

第十四条　无固定期限劳动合同，是指用人单位与劳动者约定无确定终止时间的劳动合同。

用人单位与劳动者协商一致，可以订立无固定期限劳动合同。有下列情形之一，劳动者提出或者同意续订、订立劳动合同的，除劳动者提出订立固定期限劳动合同外，应当订立无固定期限劳动合同：

（一）劳动者在该用人单位连续工作满十年的；

（二）用人单位初次实行劳动合同制度或者国有企业改制重新订立劳动合同时，劳动者在该用人单位连续工作满十年且距法定退休年龄不足十年的；

（三）连续订立二次固定期限劳动合同，且劳动者没有本法第三十九条和第四十条第一项、第二项规定的情形，续订劳动合同的。

用人单位自用工之日起满一年不与劳动者订立书面劳动合同的，视为用人单位与劳动者已订立无固定期限劳动合同。

④ 主观标准

尊敬、公正、平等、公平、诚实、负责等。

⑤ 协调员鼓励参与者熟悉有关的劳动保护的法律法规，可以借助图书馆/因特网或给他们提供复印资料。

⑥ 协调员就这些文件引导参与者进行讨论，特别是集中具体讨论工作场所现存的权利问题。协调员与参与者一起找到问题，这些问题如不加以解决将具有压迫工人（农民工）、降低其人权的潜在可能。

概念层面——理解

5. 一旦将所有问题整理出来，协调员就分配给每个（或每2个）参与者一个研究问题。参与者需要准备一个3分钟的简要报告，对于所分派问题的各个方面进行分析。报告内容应该包括这些问题的实例，也包括根据我国法律规定提出的解决方案。如果时间不够充分，参与者可以改为写一页纸的短文，展示他们对问题理解的深度及从法律文件中得到的启发。

6. 每个参与者都将与小组其他成员分享自己的想法。要提供尽可能的机会使关于这些议题的思想交流、研讨、辩论进入更大的社会范围。

7. 在听完所有的陈述之后，协调员邀请参与者确认我国保护人权的法律文件的支撑价值，如同面对面讨论的工作场所权利问题。其中一些价值可能是：尊敬、公正、平等、公平、诚实、平衡、赏识、负责、正直、宽容、理解、接受、考虑、欣赏和评价不同之处，等等。小组可以确定共同接受的价值目录清单。

情感层面——评价

8. 协调员引导参与者反省自己有过哪些与上述价值相关的亲身经验。以下问题可引导参与者对问题进行思考。

（1）哪些价值想象中对你更加重要?

（2）哪些价值实际上对你更为重要?

（3）哪些价值值得你进一步发展?

9. 协调员给参与者时间与一个伙伴分享自己的答案。

10. 协调员指导参与者思考，他们理想价值与现实价值之间的差异，及造成差异的影响因素。

11. 协调员鼓励参与者思考、确定两三个最需要发展的、最需要应用到现实生活中的价值，特别还要考虑到，如何将其应用到目前的工作中去。

活动层面——行动

12. 在讨论、分享和交流的基础上，协调员邀请参与者开发一组“良好工作的评价指标”。这可用来测量一下工作场所在人的价值和尊严方面达到国家规定的程度，从中看出国家法律法规的价值所在，以及评定其对工人、对人类价值和尊严的贡献。

13. 协调员教参与者应用他们设计的“良好工作的评价指标”。

协调员建议参与者用记日记的形式，观察并记录下列各项：

（1）在个体层面上，根据良好工作的评价指标，寻找可以为良好工作场所做贡献的具体方法。这可以从你现在正在做的工作入手，例如在培训之中和之后可能获取的经验。注意那些你认为需要进一步加以发展的价值。

（2）在机构的层面上，当有机会为某一雇主工作时，观察工作场所在多大范围上符合良好工作的评价指标。确定雇主在提供良好工作中可能面对的挑战和障碍。然而，这一过程一定要保密，如进行反馈要十分慎重。

【所需材料】

- 可以在网上自由获取的有关劳动保护和人权保护的法律文件。

【背景材料】

目前，处理劳动保护争议适用的法律规范性文件，主要有：

（1）《中华人民共和国劳动法》第 4 章、第 6 章、第 7 章。

（2）《工厂安全卫生规程》。

（3）《关于装卸、搬运作业劳动条件的规定》。

（4）《职业病范围和职业病患者处理办法的规定》。

（5）《国营职工个人防护用品发放标准》。

（6）《工业设计卫生标准》。

（7）《尘肺病防治条列》。

（8）《女职工劳动保护规定》。

（9）《女职工禁忌劳动范围的规定》。

（10）《矿山安全条例》。

（11）《国务院关于职工工作时间的规定》等。

核心价值观一　健康　人与自然和谐

模块 4
我是链条上的一环

这一模块相关联的核心价值观是健康和人与自然的和谐，即指人的身体、智力、情感、社会和精神上的一种全面的幸福健康状态，以及人与人之间、人与自然之间的一种协调共生的关系，这不仅要求我们对自身的健康负责，也要求我们保护地球上其他任何形态的生命，成为环境的守护者。

这一模块对应的相关价值观是尊重生命，这需要培养我们对所有生命的尊敬感、好奇感和责任感。尊重自然，包括关注环境，并使我们生活和工作的环境更加安全和健康。

【学习目标】

- 发展一种对人类生命和自然界中其他生命的敬畏。
- 提升一种个人的生命意识和人与自然的依存意识。
- 将保护生命、安全预防，保护子孙后代权益的意识落实到实际行为中去。

【学习内容】

- 尊重所有生命。
- 所有生命体的相互依存。
- 看护者责任。

【学习活动】

认知层面——知晓

1. 协调员播放 7～10 分钟的音像资料，展现美好、壮丽的自然界，如山川、森林、花朵、海洋和森林生物等。

2. 协调员让参与者分为两个小组，通过讨论下面问题分享经验。

（1）你看到这些自然界风景时有什么样的感觉?

（2）你最喜欢哪一个景象，为什么?

（3）你认为这些景色10年、15年后还会风貌依旧吗？为什么?

3. 协调员邀请每个组的志愿者分享大家的感想和领悟，引导出一种对大自然感恩的心理。

概念层面——理解

4. 协调员启发参与者分组讨论个人、群体和大自然是如何相互依存的，可以用画圆圈的方式表示。

5. 协调员组织讨论下列的关键点：

（1）多数宗教教诲一种崇敬所有生命和看护环境的伦理，人类被授予提升自然界的美丽、和谐的责任。

① 佛教将生命主体与生态环境视为统一体，认为天地同根、众生平等、万物一体，一切生命都相互联系、相互制约，并依靠大自然而生存。既然大自然给了生命赖以生存的环境，那么人类作为大自然的一分子就应顺应自然，并融于自然。因此，佛教主张生命主体应与大自然和谐共处，对自然的召唤应作出正确的反应，从而达到一种“天人合一”的境界。无论是汉传佛教还是藏传佛教都将自然看做佛性的显现，认为自然万物，一草一木并非无情，皆有佛性，都有其生存的价值。可见，崇敬自然、珍视万物，建立与自然和谐共存的境界是佛教的重要追求。

② 基督教是由犹太教发展而来的，由耶稣于公元一世纪创立。在基督教和犹太教共同尊奉的《旧约》圣经中，《创世纪》一章说，人是上帝按照他自己的模样创造出来的，因此，上帝把地球上的一切都交给人来管理。这里暗含着这样的意思：人是地球的主人，可以按照自己的愿望随意处置地球上的一切事务。许多现代西方学者认为，《创世纪》埋下了西方人征服自然理念的种子，是造成环境破坏的根源。但是，也有学者认为，耶稣改造犹太教而创立的基督教，以爱为核心，主张以慈爱的态度去对待人和万物，这与环境保护是相通的。

③ 道教也极力主张人与自然和谐共处，并认为最终起主导作用的是自然，而不是人。《道德经》指出：“人法地，地法天，天法道，道法自然。”道教的重要经典《抱朴子》还区分了对待自然的两种不同的态度：一种是役用万物，另一种是效法自然。认为对自然和人的关系了解浅薄的人，就役使万物，让自然完全隶属于自己；而深知自然与人之间奥妙的人，不但能善待自然，还能从自然之中悟出人类长生久世的道理。因此，滥用自然的方式，从长远效果来看，只会给人类带来灾难，甚至毁灭。道教产生以来，一直发挥并实践着这些思想，尊重着一切生命，为维护生态平衡、保护环境作出了应有的贡献。

④ 伊斯兰教在自然观上也主张人与自然的和谐统一。伊斯兰教认为，世界是真主安排的，真主创造的世界生机盎然、气象万千；真主的安排使万物各得其所、井然有序，保持平衡，从日月星辰、高山大川到空气、阳光、水分以及地球上的人类、生物，共同构成了一个协调有序、和谐完美的生态系统。真主安排的世界是和谐统一的，人与万物也是统一的，天地万物是人的衣食父母和生命的源泉，人类与自然界应该和谐共处。

各种宗教关于调和人与自然关系的思想，有利于克服人类中心主义的狭隘观念，树立人类与自然和谐共处的整体意识，对于建立人类与自然界的新型生态关系，维护正常的生态环境具有巨大的现实意义。

（2）人类生存在自然和社会两者之中。

① 欣赏歌曲《楼兰姑娘》[①]，从歌词当中领悟楼兰古国消失的（部分）原因。

有一个蒙着花盖的新娘，看不到她那纯真的脸庞，带着一串悠扬的歌声去往出嫁的路上。有一个蒙着花盖的新娘捧起黄沙，半个太阳留给我永不流逝的芳香，牵走我日夜的梦想。楼兰姑娘你去何方，楼兰姑娘你去何方，前面路太远前面风太狂，不如停在我的帐房，楼兰姑娘你去何方，楼兰姑娘你去何方，前面路太远前面风太狂，你是我的梦中新娘。楼兰姑娘你去何方，楼兰姑娘你去何方？

② 从考古学家的考古发现来进一步领会楼兰古国消失的直接原因。

案例：

楼兰究竟是怎么消失的[②]

楼兰在毁灭的过程中，生态环境的破坏起到了不可忽视的推波助澜的作用。楼兰曾是个河网遍布、生机勃勃的绿洲。然而声势浩大的“太阳墓葬”却为楼兰的毁灭埋下了隐患。

“太阳墓”外表奇特而壮观，围绕墓穴的是一层套一层的共七层细和粗的圆木。木桩由内而外，粗细有序。圈外又有呈放射状四面展开的列木，井然不乱，蔚为壮观，整个外形酷似一个太阳，很容易让人产生各种神秘的联想。“太阳墓”的盛行，大量树木被砍伐，使楼兰人在不知不觉中埋葬了自己的家园。据已发现的七座墓葬中，成材圆木达一万多根，数量之多，令人咋舌。自从20世纪末第一个太阳墓葬被发现以来，专家们在孔雀河附近陆续发现了许多太阳墓葬，许多楼兰的研究学者都认为，大规模修建太阳墓葬，是导致罗布泊附近沙化的重要原因之一，因此间接地说，修建太阳墓葬也是导致楼兰淹没在沙海里的重要原因之一。

③ 尼雅之谜[③]。

案例：

20 世纪初，英国人斯坦因在新疆塔克拉玛干大沙漠的南缘尼雅河畔发现了一座古城遗址，并从这里挖掘出封存了千年的各种珍贵文物 12 箱之多。当这些文物被带回英国时，令西方学者大为震惊，这就是被称其为东方“庞培城”的尼雅遗址。

东汉时期，名将班超为抗击匈奴稳定西域，曾带随从驻扎西域数十年。他利用杰出的政治、军事、外交才能联合当时的西域 36 国抗击匈奴的侵略，威镇西域数十年，留下了“投笔从戎”的千古佳话。有人提出，斯坦因所发现的尼雅遗址，就是中国史书中记载的西域36国之一的精绝国。

据《汉书西域传》记载，精绝国位于昆仑山下，塔克拉玛干大沙漠南缘，接受汉王朝西域都护府统辖，国王属下有将军、都尉、驿长等。精绝国虽是小国，但它位于丝绸之路上的咽喉要地，地理位置十分重要。史书所描述精绝国所处的环境是：“泽地湿热，难以履涉，

① 作词：付林；作曲：徐沛东。
② 来源：http://www.tianshannet.com
③ 来源：http://travel.sohu.com/20051102/n240645945_2.shtml

芦苇茂密，无复途径”。从史书寥寥数语中可以看出，当时的精绝国是一片绿洲。公元 3 世纪以后，精绝国突然消失了，斯坦因的发现又使精绝国惊现于世。

然而，精绝国是如何从历史上消失的？它为何被埋没于滚滚黄沙之中？为什么璀璨的绿洲变成了死亡的废墟？为此，历史学家既困惑不解又争论不休。许多人认为，尼雅之所以被废弃埋没于沙海之中，是因为尼雅人大肆砍伐树木，破坏生态环境，至使水源枯竭，风沙肆虐，绿洲消失，最终被淹没于茫茫沙海之下。也有人对此持疑问和否定的观点。

④ 观看一组图片（包括已经灭绝了的恐龙、搁浅的鲸鱼、北方的沙尘暴、破坏植被、酸雨、海啸、泥石流、切尔诺贝利核电站泄漏事件、人为的印度博帕尔惨案等）。

思考下列问题：

（a）看了以上图片，你有何感想？

（b）在我们工作的单位、我们的城市，你注意到过哪些破坏环境的行为？我们自己身上还有哪些可能有害于环境的不良习惯？

（3）由于人类同时与自然和社会相关联，正如世界提供了我们营养成分，我们的行为也会影响其他群体和自然界。

① 对两类人的相对立的世界观和价值观进行判断：

第一类：

各人自扫门前雪，哪管他人瓦上霜（慈善事业机制的不完善）。

事不关己，高高挂起。

有人准备跳楼而有些迟疑时，楼下聚集观看的人群中竟然有人喊道：怎么还不跳啊，我们都等了好久了。

第二类：

风声、雨声、读书声，声声入耳；

家事、国事、天下事，事事关心。——顾宪成（明代学者）

国家兴亡，匹夫有责。

俗语：恶有恶报，善有善报，不是不报，时候未到。

四海之内皆兄弟。

组织讨论：

（a）你主观上赞同哪种观点？

（b）你的行为客观上又表明你赞同了哪一种观点？

② 不可小觑的“蝴蝶效应”。

③ 阅读著名作家毕淑敏的《我很重要》一文，领会个人在社会生活中重要的一面（见补充资料）。

④ 阅读有关小人物命运和价值的小故事：我很重要（见补充资料）。

⑤ 阅读：与众不同的阿米绪人（见补充资料）。

（a）如果我们称美国的生活方式是现代的，那么阿米绪可以说是古代的；如果我们称美国是技术进步的，那么在同一个价值体系里，阿米绪不仅是落后的，而且是拒绝进步的。

（b）无论在什么地方，你一眼就能把阿米绪认出来，因为他们的服饰与众不同。简单地说，四五百年来其他人的服饰一直在变，而他们却一直没有变。不论是男人的服装礼帽，还是妇女的衣裙，都是一水的黑色。

（c）他们经营的家庭小农庄，是全美单位出产最高的农庄之一，而且没有化学污染、土壤退化等现代农业生产的通病。他们的生活简单而安逸，他们强烈要和外部世界的浮躁轻薄和人性渐失保持一个距离。①

⑥ 中国共产党“十七大”报告提出进行包括组建环境保护部的政府部门改革方案。

分享：

我们每一学员的工作的重要性。

协调员朗读一首诗：

茶的礼赞

向茶杯，我致以敬意。
向茶杯的设计者、向开采矿山、制作茶杯的工人们，我致以敬意。
向挖掘黏土和上釉的工人们以及养活他们的农民们，我致以敬意。
向供给我们干净的空气和水的伟大循环，向所有的生灵、地球上的一切，我致以敬意！
向茶，我致以敬意。
向养育茶发芽的空气、水和阳光，我致以敬意。
向种植、照料、采摘、包装、运输、分发茶的工人们，我致以敬意。
向供给我们干净的空气和水的伟大循环，向所有的生灵、地球上的一切，我致以敬意！
向水，我致以敬意。
向坠落的雨，向河、水坝、建筑者和水管工人，我致以敬意。
向大海和太阳，向伟大的贸易网络、运转的世界，我致以敬意。
向干净的空气和干净的水，向所有的生灵、地球上的一切，我致以敬意！

情感层面——评价

6. 协调员问参与者：当你们听了这首诗后有什么感想和领悟?
7. 这首诗与你交流了哪些信息?
8. 协调员邀请一些参与者与大家分享其观点。

活动层面——行动

9. 协调员鼓励参与者分成小组使用头脑风暴法。研究下列问题：

（1）你是如何在自己的工作场所做一个环境看护者的?

（2）所有事物相互联系的概念以什么方式影响到我们每个人的行为?

（3）开发一个“劳动者公约”来反映尊重生命和自然的建议。

【所需材料】

- 关于自然界的影像资料。

【背景材料】

1. 不可小觑的“蝴蝶效应”

① 摘自林达十几年前旧作《阿米绪的故事》。

最近在一本杂志中看到一个有趣的故事：在亚马逊河流域热带雨林中，一只蝴蝶偶尔扇动翅膀所引起的微弱气流，经无数次传递，可能会引起一场飓风。这就是气象学中有名的蝴蝶效应。

它主要讲的就是无数个细节的传递与影响，将使极其微小的细节最终引发大的事件。通过这篇文章，不由联想到了安全生产工作。在我们的身边，分析每一起生产事故，都是几个人一丁点的疏忽，不经意的细节违章、违纪，各环节上的偶然巧合构成的。多个偶然最终导致了必然，酿成了事故。所以说安全生产无小事，每一个环节，每一个班组，每一个人看似微小，其实都是一只不可忽视的"蝴蝶"。为了保证安全生产，就让我们每个人都从关注细节开始！

2. 我很重要（作者：毕淑敏）

当我说出"我很重要"这句话的时候，颈项后面掠过一阵战栗。我知道这是把自己的额头裸露在弓箭之下了，心灵极容易被别人的批判中伤。许多年来，没有人敢在光天化日之下表示自己"很重要"。我们从小受到的教育都是——"我不重要"。

作为一名普通士兵，与辉煌的胜利相比，我不重要。

作为一个单薄的个体，与浑厚的集体相比，我不重要。

作为一位奉献型的女性，与整个家庭相比，我不重要。

作为随处可见的人的一分子，与宝贵的物质相比，我们不重要。

我们——简明扼要地说，就是每一个单独的"我"——到底重要还是不重要?

我是由无数星辰日月草木山川的精华汇聚而成的。只要计算一下我们一生吃进去多少谷物，饮下了多少清水，才凝聚成一具美伦美奂的躯体，我们一定会为那数字的庞大而惊讶。

平日里，我们尚要珍惜一粒米、一叶菜，难道可以对亿万粒菽粟、亿万滴甘露濡养出的万物之灵，掉以丝毫的轻心吗?

当在博物馆里看到北京猿人窄小的额和前凸的吻时，我为人类原始时期的粗糙而黯然。他们精心打制出的石器，用今天的目光看来不过是极简单的玩具。如今很幼小的孩童，就能熟练地操纵语言，我们才意识到已经在进化之路上前进了多远。我们的头颅就是一部历史，无数祖先进步的痕迹储存于脑海深处。我们是一株亿万年苍老树干上最新萌发的绿叶，不单属于自身，更属于土地。人类的精神之火，是连绵不断的链条，作为精致的一环，我们否认了自身的重要，就是推卸了一种神圣的承诺。

回溯我们诞生的过程，两组生命基因的嵌合，更是充满了人所不能把握的偶然性。我们每一个个体，都是机遇的产物。

常常遥想，如果是另一个男人和另一个女人，就绝不会有今天的我……

即使是这一个男人和这一个女人，如果换了一个时辰相爱，也不会有此刻的我……

即使是这一个男人和这一个女人在这一个时辰，由于一片小小落叶或是清脆鸟啼的打搅，依然可能不会有如此的我……

一种令人怅然以至走入恐惧的想象，像雾霭一般不可避免地缓缓升起，模糊了我们的来路和去处，令人不得不断然打住思绪。

我们的生命，端坐于概率垒就的金字塔的顶端。面对大自然的鬼斧神工，我们还有权利和资格说我不重要吗?

对于我们的父母，我们永远是不可重复的孤本。无论他们有多少儿女，我们都是独特的一个。

假如我不存在了，他们就空留一份慈爱，在风中蛛丝般飘荡。

假如我生了病，他们的心就会皱缩成石块，无数次向上苍祈祷我的康复，甚至愿灾痛以十倍的烈度降临于他们自身，以换取我的平安。

我的每一滴成功，都如同经过放大镜，进入他们的瞳孔，摄入他们心底。

假如我们先他们而去，他们的白发会从日出垂到日暮，他们的泪水会使太平洋为之涨潮。面对这无法承载的亲情，我们还敢说我不重要吗?

我们的记忆，同自己的伴侣紧密地缠绕在一处，像两种混淆于一碟的颜色，已无法分开。你原先是黄，我原先是蓝，我们共同的颜色是绿，绿得生机勃勃，绿得苍翠欲滴。失去了妻子的男人，胸口就缺少了生死攸关的肋骨，心房裸露着，随着每一阵轻风滴血。失去了丈夫的女人，就是齐斩斩折断的琴弦，每一根都在雨夜长久地自鸣……面对相濡以沫的同道，我们忍心说我不重要吗?

俯对我们的孩童，我们是至高至尊的惟一。我们是他们最初的宇宙，我们是深不可测的海洋。假如我们隐去，孩子就永失淳厚无双的血缘之爱，天倾东南，地陷西北，万劫不复。盘子破裂可以粘起，童年碎了，永不复原。伤口流血了，没有母亲的手为他包扎。面临抉择，没有父亲的智慧为他谋略……面对后代，我们有胆量说我不重要吗?

与朋友相处，多年的相知，使我们仅凭一个微蹙的眉尖、一次睫毛的抖动，就可以明了对方的心情。假如我不在了，就像计算机丢失了一份不曾复制的文件，他的记忆库里留下不可填补的黑洞。夜深人静时，手指在揿了几个电话键码后，骤然停住，那一串数字再也用不着默诵了。逢年过节时，她写下一沓沓的贺卡。轮到我的地址时，她闭上眼睛……许久之后，她将一张没有地址只有姓名的贺卡填好，在无人的风口将它焚化。

相交多年的密友，就如同沙漠中的古陶，摔碎一件就少一件，再也找不到一模一样的成品。面对这般友情，我们还好意思说我不重要吗?

我很重要。

我对于我的工作我的事业，是不可或缺的主宰。我的独出心裁的创意，像鸽群一般在天空翱翔，只有我才捉得住它们的羽毛。我的设想像珍珠一般散落在海滩上，等待着我把它用金线串起。我的意志向前延伸，直到地平线消失的远方……没有人能替代我，就像我不能替代别人。我很重要。

我对自己小声说。我还不习惯嘹亮地宣布这一主张，我们在不重要中生活得太久了。我很重要。

我重复了一遍。声音放大了一点。我听到自己的心脏在这种呼唤中猛烈地跳动。我很重要。

我终于大声地对世界这样宣布。片刻之后，我听到山岳和江海传来回声。

是的，我很重要。我们每一个人都应该有勇气这样说。我们的地位可能很卑微，我们的身分可能很渺小，但这丝毫不意味着我们不重要。

重要并不是伟大的同义词，它是心灵对生命的允诺。

人们常常从成就事业的角度，断定我们是否重要。但我要说，只要我们在时刻努力着，为光明在奋斗着，我们就是无比重要地生活着。

让我们昂起头，对着我们这颗美丽的星球上无数的生灵，响亮地宣布——

我很重要。

3. 阿米绪人存大智慧[①]

提示：本文作者、旅美学者林达十几年前曾写《阿米绪的故事》一文，让中国读者第一次领略美国阿米绪人奇异又平淡的生活态度，引发了思想界关注的"阿米绪"话题。今天本版刊发林达新近完成的文章，给感兴趣的读者朋友提供了在新春茶余饭后思考的一批新资料，并提请注意林达的关注点——"我们往往觉得传统智慧已经过时，不由得遗忘并且抛弃了，而阿米绪人一生都在努力实践，并且一代一代往下传递。""我们所缺乏的，是阿米绪内心的定力。阿米绪仍在提醒我们被遗忘的传统智慧。"

不久前，有报纸编辑来约稿，要求再写阿米绪故事，才发现距我们第一次向中国读者介绍阿米绪人，已经过去十几年。编辑和读者都已是一代新人了。于是再写一版，补充了内容和一些新的理解。基本思路还是原来的：探讨美国社会怎样和阿米绪这样的少数宗教群体相处。

相处确实需要智慧，阿米绪很特别，不仅主动把自己的生活停留在 18 世纪，还出于宗教原因拒绝社会契约中的一部分公民义务，例如拒服兵役，甚至在第二次世界大战这样的国家危亡关头也并不改变；在和平时期，他们的教育传统和社会的义务教育法律相冲突，也不交社会保险部分的税款。探究社会和他们之间的互动，自然就很有意思。

交稿后，编辑来信询问阿米绪的生活细节，他显然觉得好奇：一个自我封存在时间保险箱里的群体，定有奇风异俗。这让我接着去想一些和阿米绪生活有关的话题。

- 我们被自己创造出来的技术推着走
- 我们在精神上失去了支撑点
- 环境危机已经影响人类生存
- 我们惊讶地发现——阿米绪人的观念不仅不落后，甚至相当超前
- 阿米绪社区是保存在现代美国的 18 世纪欧洲农庄，犹如一个活的民俗博物馆

阿米绪是农人。我们寻访过宾夕法尼亚州，那里是最早最出名的阿米绪定居点，论人口倒不是第一。阿米绪人口最多的是俄亥俄州，那里有大片农区。阿米绪人遍布美国，稍稍留心一点，就可能在身边不远处，发现默默地有一个阿米绪家庭农庄。就像我们曾特地跑到宾州去看阿米绪，却不知道自己住的佐治亚州就有，那是在离我们家不多远的法耶特维尔。我们去过那个小城，还路过好几次，都因为不知道，就没有去找那个阿米绪定居点。忽略眼前风景这大概是常人通例，唯极少数有生活智慧的人，才能坐在本乡略带土气的小咖啡馆也能品出滋味，而不是言必称巴黎。这需要天赋能力。

阿米绪社区是保存在现代美国的18世纪欧洲农庄，犹如一个活的民俗博物馆。他们围在现代生活之中，却并不是与世隔绝，不是穷得买不起电器，而是主动不要。他们不是把声光电色都看成魔鬼，但确实把充满声光电色的城市，差不多就看成魔鬼了。那么，他们的想法是不是怪异？他们对待日常生活的态度、他们的世界观究竟是什么样的呢？

换一个思维角度去看阿米绪的日常生活，一点点特别的地方都没有。顺着历史往前走两步，你都无法依外观就单单把他们给挑出来。他们就像大家的高祖曾祖、爷爷和奶奶，那个时候，乡下农夫都过着同样日子。说什么服饰简单、生活简朴？一两百年，甚至几十年以远，

① 来源：北京青年报 2008-02-10 01:31。

普通农家不都是素面粗布，粗茶淡饭，阿米绪只是他们中间无声无息的一族。五百年前没有人对阿米绪的日常生活好奇，他们之脱颖而出，只是因为跟从了某个荷兰宗教思想家的改革，表现出信仰方面异乎寻常的韧性。

他们的基本思路应该说是基督教新教的一部分：人不必通过天主教会的教士，就可以直接和上帝对话。大概是天主教会的教士怕被砸掉饭碗？因政教合一掌握世俗与教会双重权力的“国家”，立即宣布封杀改革，大开杀戒。当时一些教士搞不清自己的位置，以为任了神职，就有神的位置，自我恶性膨胀。可要找出“异教徒”，很难从服饰打扮上辨认，他们也就是农家服装。但有一个很容易的方法：阿米绪把诚实当做基本信仰要求，因此，他们不会为躲避迫害而否认自己的信仰，于是阿米绪在欧洲就损失惨重。更难以置信的是，同样受迫害的其他新教教派，一经掌权，也一样迫害和他们略有差异的阿米绪。今天阿米绪家庭有三本书是必备的，也是孩子们的基本教育，首先是圣经，还有一本叫做《殉难者之镜》，就是对当时欧洲阿米绪殉难者的记录，其中包括殉难者留下的书信。有一个农夫在上火刑架前留给妻子的信说：“哦，我在世上最亲爱的人，再替我亲吻我的孩子们，告诉我的苏姗，那是她父亲的愿望，要她对上帝敬畏且服从母亲。”一看这话就看出乡下人的土气十足。这也一直让我觉得奇异，人们通常把乡下人的信仰看做是愚昧的结果，真的深入进去，你会发现，他们精神追求的深度远远超过许多自诩以精神生活为业的精英。

- 一个意外发现使一位摄影师突然醒悟，阿米绪其实就是过去的我们

一位深入阿米绪的摄影师给我讲了这样的故事。他说自己以前和大家一样，总是认为阿米绪的日常生活始终是个异数。可是一个意外发现使他突然醒悟，阿米绪其实就是过去的我们。他的发现是，在一家阿米绪后院里，静静地躺着差不多百年前约翰 · 迪尔制造的铁铧犁。我们住在乡下，对约翰 · 迪尔的招牌就很熟悉，那是现在美国最著名的农具公司 John Deere。迪尔和英语的鹿谐音，它的商标图案是在一色草绿的机器外壳上，有一只黄色的奔鹿。约翰 · 迪尔现在还在生产最先进的大型农机具。这类先进机器使用卫星精确定位，能边作业边采集土壤信息，把土地资料输入电脑，加以分析，在下季耕作中根据采集的数据自动调整施肥和浇灌。这位摄影师看着这近百年前的农具，他突然想起来，自己的爷爷就应该和阿米绪人一起，用着同样约翰 · 迪尔的铁铧犁。

今日超级现代农具大公司的创始人 John Deere 是个铁匠，起家是在 1837 年。他的同伴回忆说，他总是清晨四点就在那里挥动铁锤，常常到夜晚十点还听到他的铁锤声，他就是这么个人，固执地要把自己的设想用双手锤炼出来。他有着旺盛的创造力，享受创造的快乐，虽然在我们现代人眼中，那只能算是很原始的创造。那个时代，John Deere 和使用他产品的阿米绪，被阿米绪称为 English 的美国农人，在生活上差别并不大。不同的是，别人每一步都跟上了约翰 · 迪尔的新产品，跟上了新产品的时代、跟上了和电有关的消费，也就是说，在人们不假思索、与时俱进的时候，阿米绪人却停住了脚步。

精神上的分界点，并非发生在生活表面分道扬镳的那一刻。当世界还没有开始大规模蜕变，当时代把我们和阿米绪长期留在同一个朴素的自然状态中，“我们”和“他们”，已经在精神上南辕北辙。当我们生活在一个刚能满足需求的自然状态的时候，是颇为痛苦无奈的。我们听说了城市繁华，就向往发展、渴望走出去。我们对急切进入五光十色的未知生活未知世界的焦虑，甚至消损了我们享受眼前快乐的能力。我们根本不相信人有可能拒绝现代享乐的刺激，我们不知道阿米绪人就在我们身边默默无声思考，已经作出了不同选择。

阿米绪在宗教信仰上的变革起于文艺复兴时期，一个重要原因是来自于对天主教上层教士被欲望掌控，沉湎于奢侈而背离信仰的反思。反思并不是阿米绪的专利，许多人甚至开始得更早，在实践上走得更远。历史上不断出现的一批批天主教修行团体就是如此。他们用禁锢自己的方式，把自己隔离在修道院内，或者留在刻苦生活中。例如起于法国的苦修派，曾经是苦修而不开口说话的。也有把自己对生活的要求降到最低，倾注一生于扶贫助病的，著名的特蕾莎修女只是其中的成名典范，而无声地在如此修行的修女修士，不计其数。

这样的范例使我们对今天的阿米绪产生误解，以为阿米绪是在类似刻苦修行甚至自虐的状态中生活。这是个天大的误会。阿米绪和你我一样，也是内涵丰富的世俗生活的一部分。这也是阿米绪对我们特别有意义的地方。

● 每走一小步，他们都会很认真讨论，考察这一步是不是“必须”迈出

我们对阿米绪的一个误解是，以为他们的生活是不变化的。其实并非如此，应该说，他们接受变化是“有度”的。阿米绪世界观的一个基本点，就是“索取有度”。他们起于16世纪，现在的生活状态大多停留在18世纪，阿米绪的变化显得缓慢，到一定的程度，他们就很少变化。因为他们使用的技术进步，已经能够达到满足富足生活的程度。假如技术也是一种商品，那么，他们接受技术的观念和他们的购买观一致：他们买必需品，不买奢侈品，不是因为没钱买不起，而是为了精神上的自律而拒绝购买。

一个阿米绪人这样解释我们之间的不同：“你们是物质主义者，你们‘要’，只是因为你们‘想要’；我们是实用主义者，假如是必需品，哪怕它是新的，我们也会采用。”这就牵涉到阿米绪对“必须”和“富足”的理解，对他们来说，就是“能够以自己的双手，达到丰衣足食，能够维护健康，扶幼养老”。阿米绪出名地勤劳，也普遍富足。

这种按照“必须”而适度发展的观念，带来了阿米绪的地区差别。不同地区维持生活的条件不同，也就造成他们接受技术改变的程度不同。一个典型例子是，阿米绪是出了名不用拖拉机的，可是早在1937年，堪萨斯州的阿米绪人却已经开始使用拖拉机和收割机，但今天的大部分阿米绪人仍然拒绝使用类似的农业机械。原因是堪萨斯出产小麦，而当地收获小麦恰在最热季节。阿米绪传统使用的马拉收割机的马儿们，无法承受如此酷热下的工作，所以对这一区域的阿米绪来说，机动收割机就是一种必需品，否则影响他们的生存。但是，在凉爽季节，他们还是弃置拖拉机而仍然使用马匹。他们在享受了拖拉机的快捷之后，仍然有能力节制自己。同样，少数阿米绪因为必须而开始使用电冰箱。可是他们不放弃向大自然取冰的传统方式，他们在冬天结冰的湖中切下整整齐齐的巨大冰块，用马爬犁拖回冰窖，一直可以储存到夏季使用，冰箱只是迫不得已的补充。所以，每走一小步，他们都会很认真讨论，考察这一步是不是“必须”迈出。

节制的能力源于他们的宗教信仰，他们是基督教的一支。美国前身是北美英属殖民地，是以基督教新教开始的，至今基督教还是大多数美国人的信仰。那么，什么造成了阿米绪和所谓 English 的差别呢？差别就是信仰在生活中认真执行的程度。阿米绪恪守最基本信条，谦卑、诚实、勤劳、不奢侈，强调说到做到。因此，声光电色本身并不是魔鬼，超过必需而滥用资源和新技术，才是罪恶，罪恶不在技术本身，罪恶是背离了自己的信仰原则。因此，恶性膨胀、刺激欲望、无节制发展的城市，在阿米绪人眼中成为罪恶之源。这样去看，我们能够理解阿米绪对技术有条件的拒斥，并非愚昧，而是在常情常理之中。

现代人眼中的阿米绪常常是可怜的，他们没有我们的现代享受。其实，与我们同龄的美

国孩子都有过类似阿米绪儿童的童年：小伙伴们在户外玩耍奔跑做着游戏，也做父母的小帮手，荡着秋千滑着滑梯，体验树林田野在阳光雨露微风初雪之下的四季变化。平时生活简朴，一个个传统节日阖家团聚的晚宴，引出格外的企盼。阿米绪的宗教在更多地维护家庭温暖，在一个有着祖辈和父母温暖的平安家中，童年是快乐的。阿米绪的男女青年一起在田野里劳动，动手盖起自己的房屋来。蔬菜都来自家里的菜园，阿米绪主妇必须在收获季节，以传统方式保存多余蔬菜，以供给淡季的冬天。阿米绪最重要的生活原则之一，是包括孩子在内的每一个人，都承担一份家庭责任，家庭和社区的建设，都是互助合作的结果。深入阿米绪社区的摄影师发现，总体来说，他们是幽默而快乐的，因为他们的物质和精神，都是富足的。

● 他们默默实践我们今天大声疾呼的环保意识，已经实践了五百年

技术发展呈现的加速度，在我们今天的电脑和网络技术发展中最为典型。电脑的运行速度在不断以几何级数增长，同步的是互为刺激的消费和市场，两者的基础都是我们自己以几何级数在增长的现代欲望。我常常想，天下再好的事情，如若以几何级数增长，大概都是危险的。不经意，短短一生中，我们的生活和观念已经几度质变，那是历史上从来未曾有过的。我们被自己创造出来的技术推着走。在讨论各种现代观念合理性之间，犯罪率在上升，焦虑抑郁成为通病，传统家庭在迅速瓦解，我们精神上失去了支撑点，在现代潮流冲击下，我们无以站住脚跟，最终随波逐流。没有必要刻意美化阿米绪生活，“人所具有的我都具有”，他们有人的全部弱点和缺陷，他们也有生老病死、痛苦烦恼。他们只是以另外一种方式来看待和应对。他们放弃了我们所拥有的、已经没有能力再放弃的一切，我们却放弃了他们所拥有的、他们不愿意放弃的一切。于是，我们和阿米绪之间，渐渐有了不同的喜怒哀乐。

美国有各种各样的自发团体社会试验，例如共产主义乌托邦小社区等等，修道院也是其中之一。他们大多是经过思考后试图改变生活改变社会而凑在一起的成人，实验有成有败，却很少是恒定的自然社区。也就是说，他们是经过社会筛选的某种理想主义者的集合。阿米绪的特殊意义，在于他们是一个几百年来缓慢发展的自然社区，他们不是志同道合者的短暂聚合，而是社会蛋糕中切出来的一块，经历绵长发展。当我们加速毒化了河流、空气与食物，正在竭尽能源，环境危机已经影响人类生存的时候，我们回过头来看阿米绪人，惊讶发现，作为社会群体作出不同选择，竟然是可能的。细细考察，他们的观念不仅不落后，甚至相当超前。他们默默实践我们今天大声疾呼的环保意识，已经实践了五百年。在我们飞速异化而脱离大自然的时候，他们仍然留在那里，和自然和谐共存，他们是自然生态中合理的一环，他们保存了在大自然中生存的技术细节。他们并不贫困。一切基于一个节制的信念。在 20 世纪 30 年代美国经济大萧条时，有一位记者问一位阿米绪人，你认为大萧条对你的生活有怎样的影响？阿米绪人的回答是一个问题：“什么是大萧条？”

阿米绪五百年在现代化的冲击下存在和缓慢发展。让我们看到，不同程度的有节制的富足社会，不仅是人类通过反思后可能产生的观念，也是有可能实践的生活。我们所缺乏的，是阿米绪内心的定力。阿米绪仍在提醒我们被遗忘的传统智慧。他们的信仰落实在生活中，其实和我们的祖父祖母、父亲母亲留给我们的基本教诲重合。我们往往觉得传统智慧已经过时，不由得遗忘并且抛弃了，而阿米绪人一生都在努力实践，并且一代一代往下传递。

我一直以为，生活智慧只能是少数人的天赋，现在我明白，它也可以是一种坚韧的文化传承。

4. 我很重要[①]

“二战”后受经济危机的影响，日本工厂效益也很不景气，失业人数陡增。

一家濒濒临倒闭的食品公司为了起死回生，决定裁员三分之一。有三种人名列其中：一种是清洁工，一种是司机，一种是无任何技术的仓管人员。三种人加起来有30多名。经理找他们谈话，说明了裁员意图。

清洁工说：“我们很重要，如果没有我们打扫卫生，没有清洁优美健康有序的工作环境，你们怎么会全身心投入工作？”

司机说：“我们很重要，这么多产品没有司机怎能迅速销往市场？”

仓管人员说：“我们很重要，战争刚刚过去，许多人挣扎在饥饿线上，如果没有我们，这些食品岂不要被流浪街头的乞丐偷光？”

经理觉得他们说的话都很有道理，权衡再三决定不裁员，重新制定了管理策略。最后经理令人在厂门口悬挂了一块大匾，上面写着：“我很重要”。每天当职工们来上班，第一眼看到的便是“我很重要”这四个字。不管是一线职工还是白领阶层，都认为领导很重视他们，因此工作也格外的卖力。

这句话调动了全体职工的积极性，几年后公司迅速崛起，成为日本有名的公司之一。

如果你是一个好员工，那么你对于这个职位来说是不可缺少的，对于整个公司也是不可缺少的。人人都有独特的价值，千万不要小看了自己！

---

① 来源：http://www.ewqs.net/group.asp?gid=56&pid=5657

模块 5
获得整体健康

这一模块所关联的核心价值观是健康和人与自然的和谐。健康是一种身体、智力、情感、社会和精神全面发展的状态，而人与自然的则是一种人与自然之间的象征性关系。这要求我们对自身健康负责，对其他任何形态的生命给予关爱，成为环境的看护者。

平衡和整合人的身体的、情感的、智力的、精神的各个方面的健康，创造一种全面的健康状态。

【学习目标】

- 认识到身体健康和整体健康之间的区别。
- 欣赏并积极走向健康的生活方式。
- 找出那些工作领域中可以推进健康导向的工作方式。

【学习内容】

- 整体健康的概念。
- 整体健康的各个方面及其相互关系。

【学习活动】

认知层面——知晓

1. 活动导入：生命历程的思考

（1）请参与者准备好纸、笔。

（2）在纸上画出一条生命线，起点为 0 岁，找出你现在的年龄位置，同时预测一下自己未来的年龄。

（3）思考：在未来的几十年的生活道路上，你最想得到的是什么（金钱、事业、幸福、健康等等）？

（4）在所有这一切中哪一个最重要？

健康的重要地位：拥有健康是人生的 1，金钱、事业、幸福等等都是后面的 0，有 1 在，后面的 0 都是有效的，失去了 1，后面的 0 均没有任何意义。

2. 课堂交流：

（1）协调员要求参与者思索这一问题: 你参与的哪些活动对你的健康和整体的良好状态有好处?

（2）协调员分发给参与者每人一张纸，要求他们写下 2 项有益于自身健康的实践活动，也写出 2 项不益于自身健康的实践活动。

（3）在黑板上画出两个区域，请参与者分别填写出各自结论，大家能够很容易地找出哪些实践活动有益于我们自身健康；哪些实践活动不益于我们的健康。

概念层面——理解

3. 资料：GNH 与 GDP

GNH 最早大概是 20 世纪 70 年代由南亚不丹王国的国王提出的，他认为“政策应该关注幸福，并以实现幸福为目标”。不丹王国制定政策的依据是“在实现现代化的同时，不能失去精神生活、平和的心态和国民的幸福。”因此，不丹取得了举世瞩目的发展。不丹在 40 年前还处在没有货币的物物交换的经济状态之下，现在，已经超过印度等国家，在南亚各国中国民平均收入最高，在世界银行的排行榜中也大大超过了其他发展中国家成为第一位。世界银行南亚地区的副总裁、日本的西水美惠子评价说：“世界上存在着唯一一个以物质和精神富有作为国家经济发展政策之源并取得成功的国家，这就是不丹王国。该国所讴歌的‘国民幸福总值’远远比国民生产总值重要得多。”

GDP 与 GNH 两大指标结合起来研究和运作，我们的经济社会发展更能体现以人为本的理念，稳定与发展的关系更加协调，更有利于和谐社会的构建。

英国哲学家休谟说过：“一切人类努力的伟大目标在于获得幸福。”1999 年，盖洛普公司进行了有史以来规模最大的一次民意调查，60 个国家的 5.7 万名成人参加。调查的题目是：生活中最重要的是什么？结果世界各地的人民都认为，身体健康和家庭幸福比其他任何东西更为宝贵。发展的终极目标应该是人民的幸福，经济增长是为了人民的幸福，政治善治也是为了人民的幸福，文化发展还是为了人民的幸福，而社会和谐更是为了人民的幸福。

衡量一个国家发展水平不仅看 GDP（国内生产总值），而且看 GNH（国民幸福总值）。

请参与者静思：你有幸福感吗？

4. 课堂讨论：什么是健康？什么是全面健康？

5. 协调员总结

（1）健康与全面健康的区别

大家所理解的健康通常是身体没有疾病，有的同学还会进一步认为健康还包括心理的健康。世界卫生组织确定：健康不光是没有疾病和不虚弱。健康不但意味着身体的、心理的健康，还意味着社会人际关系和道德的健康，这四个方面健康了，才算是健康。

真正的全面健康包括我们生活的质量和我们对自身、对生活的美好感觉，这是一种身心的、社会的、情感的和精神的全面良好状态。在这种状态下，人的各个方面都处于最佳状态而且相互之间非常和谐。

（2）整体健康的维度

和我们生命相关的有哪些方面：身体、心理、关系、工作、世界等等。我们把它分为身体健康、环境健康、精神健康、个性健康、职业健康以及关系健康和休闲健康七个方面。

情感层面——评价

6. 协调员分发给每个参与者一张《七维度健康自评表》，要求参与者给自己打分。

7. 协调员鼓励参与者对自己的评价进行反省：

（1）我生活中的哪一方面健康程度特别高或者特别低？

（2）有哪些障碍使我不能达到这一方面的最佳健康状态？

（3）这一结果是否真实反映我的生活健康状况？

（4）写下 1～2 个改进措施。

活动层面——行动

8. 协调员指导参与者根据自身的《七维度健康自评表》，每人写下自己的健康誓词，并提出 1～2 个在今后实践活动中要改变的不利于全面健康的行为习惯和思维习惯，从而达到最佳健康状态的积极有效的措施。

9. 要求每一位参与者宣读自己的誓词和改进内容及措施，从而得到大家的监督和支持度。

【课后作业】

根据课堂开始我们做的“生命历程的思考”，画出地球的生命线，在适当的位置标出“现在地球”的年龄（46 亿岁，相当于人的青壮年时期）。请同学们思考一个问题：地球最需要得到的是什么？

【所需材料】

- 七维度健康自评表。

请以下列的等级衡量你自己：

1 ＝ 强烈地不同意

2 ＝ 不同意

3 ＝ 同意

4 ＝ 强烈地同意

身体的健康

1. 一星期有许多天，我做操 30 分钟或以上。　1 2 3 4
2. 我吃多种食物从不挑食。　1 2 3 4
3. 我睡眠时间适当（每个夜晚 7～8 小时）。　1 2 3 4
4. 我参加推荐的定期身体健康检查（血压及其他）。　1 2 3 4
5. 我避免使用烟草产品。　1 2 3 4

得分：

环境的健康

1. 我总是按照要求安全处理废弃物。 1 2 3 4

2. 当我见到安全隐患时，我马上着手解决。 1 2 3 4

3. 我节约原材料以保护资源。 1 2 3 4

4. 我尽力减少物品消耗，尽量重复使用，而且循环使用。 1 2 3 4

5. 我将废弃的物品分类丢弃。 1 2 3 4

得分：

精神上的健康

1. 对生活的恩赐我心存欢喜、心存感激。 1 2 3 4

2. 我每天都腾出时间祈祷、沉思或做自己的事情。 1 2 3 4

3. 我的价值导向与我对爱、真理和正义的理解是和谐一致的。 1 2 3 4

4. 我是与我信仰相同的、充满关怀的社区中的一员，我们举行有意义的各种仪式和庆祝活动。 1 2 3 4

5. 我的决定和行动与我认为最重要的价值和信念是一致的。 1 2 3 4

得分：

思想/个性健康

1. 我培养自己的正面感受，如爱、信赖、关心和希望。 1 2 3 4

2. 我相信我的个人价值。 1 2 3 4

3. 我喜欢看书和杂志。 1 2 3 4

4. 我能表达我的感受，并能与周围人真诚讨论我的问题。 1 2 3 4

5. 我喜欢学习新事物并对新体验持开放态度。 1 2 3 4

得分：

职业的健康

1. 我的工作使我能够使用自己的多种才能和技能，并从中获得乐趣。 1 2 3 4

2. 我能够计划出一个可行的工作量。 1 2 3 4

3. 我的事业与我自身的价值和目标一致。 1 2 3 4

4. 我可以在工作截止期限前完成任务。 1 2 3 4

5. 我爱我的工作，而且感到我的工作富有挑战性，给人带来满足感。 1 2 3 4

得分：

关系健康

1. 我安排时间与家人和朋友在一起。 1 2 3 4

2. 我有关系亲密、相处有意义的同性和异性朋友。 1 2 3 4

3. 我对自己所在的团体/ 组织感到满意。 1 2 3 4

4. 我与他人的关系是积极和有益的。 1 2 3 4

5. 我与不同文化、背景和信念的人打交道，探究多样性。 1 2 3 4

得分：

游戏/休闲健康

1. 我从我的工作中抽出时间，放松自己，渡过美好时光。 1 2 3 4

2. 我喜欢与我的朋友和家庭一起分享有趣的事件和笑话。 1 2 3 4

3. 我有时为自己所犯的错误和做的蠢事，自我解嘲。 1 2 3 4
4. 无论是一个人的时候还是和朋友在一起，我都喜欢做有趣的事。 1 2 3 4
5. 当我感到无聊或气氛紧张时，我会用幽默打圆场。 1 2 3 4

得分：

【建议读物】

1. 唐汶．学会选择 学会放弃［M］．北京：中国商业出版社，2004.
2. 孔令谦．谁偷走了你的健康［M］．济南：山东科学技术出版社，2008.
3. 哈维·戴蒙德．健康生活新开始［M］．荀寿温，译．海口：南海出版社，2010.

模块 6
创建平衡的生活方式

这一模块相关联的核心价值是健康和人与自然的和谐，即指人的身体、智力、情感、社会和精神上的一种康乐的状态，以及人与人之间、人与自然之间的一种协调共生的关系，这不仅要求我们对自身的健康负责，也要求我们有能力平衡我们的生活，进而到达人与社会、与自然的和谐相处。

这一模块对应的相关价值观是平衡的生活方式，涉及工作和生活其他层面之间的相互交替，如身体层面的休闲和娱乐、与家人朋友共处，以及精神层面的活动等。

【学习目标】

- 认识在学习、工作、休闲、家庭、社会等方面实现平衡的重要意义。
- 认真检视现在的生活方式，确定哪些领域需要改变，从而达到平衡的生活方式。
- 探寻让我们走向更加满意、更加平衡的生活方式的策略。

【学习内容】

- 平衡生活方式的意义。
- 确定生活的优先领域。

【学习活动】

协调员导入本次课内容，并请大家思考几个问题

（1）“你们对自己的生活满意吗？”

（2）“你们有幸福感吗？”

协调员发给参与者每人一张纸，请参与者列出对生活中的哪些满意，哪些不满意，并给自己的综合评价打分。协调员组织大家交流分享彼此的生活感受。

认知层面——知晓

1. 协调员在课程引入时指出，巨大的社会压力使我们多数人生活在忙碌与奔波之中。我们拼命向前希望能够领先，并且能够达到工作对我们的要求，以致我们忘记找些时间享受生

活的其他方面。在生活的一两个方面我们消耗了太多的时间和精力，而舍弃了其他方面，这可能影响到我们的健康和幸福。

情感层面——评价

2. 协调员分发给参与者每人一张纸，在这张纸上，上下并排有两个圆，请参与者在第一个圆中画出自己目前的时间分配饼图。

3. 协调员可以给出一些提示，指导参与者完成这一任务。

- 与学习相关的活动。
- 家庭活动。
- 社会活动（和朋友以及同学在一起）。
- 健身和保健（健身、运动及其他）。
- 休闲活动（业余爱好、娱乐）。
- 社会活动（学生会、志愿者工作及其他）。
- 精神活动（阅读、写作及其他）。

饼图每一角的面积取决于每人在各个方面实际花费的时间。

4. 请参与者根据自己的愿望在第二个圆中画出另一个时间饼图。

5. 在参与者完成了他们的饼图之后，邀请他们分成两个小组根据下列各项指导问题分享、交流。

（1）关于你的生活方式第一张图说明了什么?

（2）哪一类活动花费了你大部分时间? 哪一类活动花费的时间最少?

（3）第一张图与第二张图有何不同? 这些不同说明了什么?

6. 协调员鼓励参与者在全体面前表述他们的回答。然后，对他们的回答加以总结。

概念层面——理解

7. 启思故事:

鹅卵石的故事

时间管理课上，教授在桌上放了一个用来盛水的空罐子，然后拿出一些鹅卵石放进罐子。放完后，教授问他的学生："你们说这罐子是不是满了？""是！"所有学生异口同声的回答。"真的吗？"教授笑问，又拿出一袋碎石子倒入罐子里，摇一摇，又加了一些后问道："现在是不是满了？"这回学生们不敢答得太快，最后，有位小声答道："也许……没满。"

"很好！"教授说完后又拿出一袋沙子慢慢地倒进罐子里，再问学生："现在你们告诉我，这个罐子是满呢？还是不满？"

"没有满"全班学生很有信心地答道。"好极了"教授赞赏地看着学生们，然后又拿出一大瓶水慢慢灌入了看似已被鹅卵石、小碎石、沙子塞得满满的罐子里。做完这些事后，教授正色地问班上的同学："我们从上面这些事情得到什么重要的启示？"

班上一阵沉默，一位学生率先答道："无论我们的工作多忙、行程多满，如果再逼一下，还是可以多做些事的。"教授听后微笑着点点头："答案不错，但并不是我要告诉你们的重要信息。"说到这里，教授故意顿住，用眼睛向全班同学扫了一遍说："我想告诉各位最重要的信息是，如果你不先将大的鹅卵石放进罐子里去，你也许永远没机会再把它们放进去了。”

8. 课堂讨论：小故事的启示。

9. 协调员总结

（1）时间的基本特征：

- 每天24小时对于任何人，无论贫穷或富裕都是公平的，没有价格可以调节。
- 时间不像人力、物力、财力和技术那样可以被蓄积储藏。
- 任何一项活动都有赖于时间的支撑，时间是任何活动所不可或缺并无法取代的资源。
- 成功者与失败者的差别不在于他们拥有时间的多少，而在于他们如何来掌控时间。

（2）确定生命的优先领域

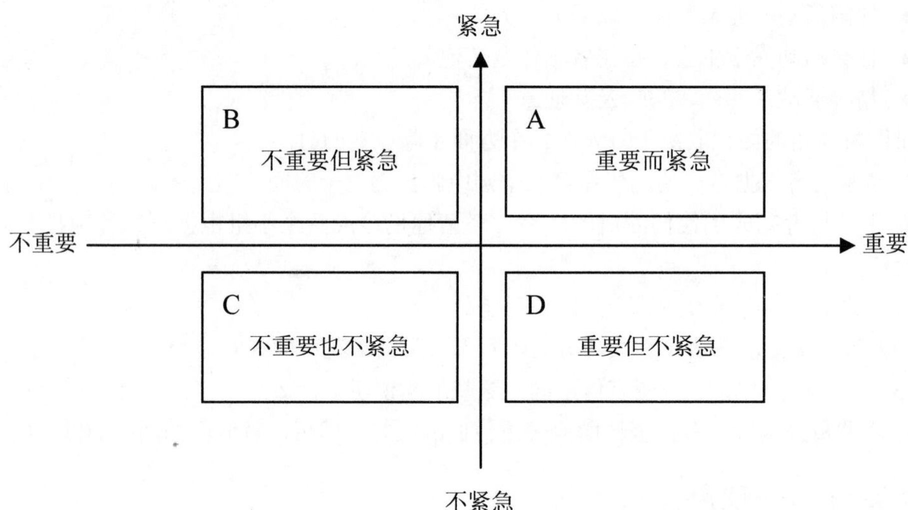

工作、生活有主有次，抓住并优先处理最重要的工作，而不要让自己身陷在每日的琐碎杂务之中。

10. 协调员解释平衡生活方式的意义和它对我们的生活幸福的重要性。

- 平衡生活方式意味着能分配出时间在工作、家庭、朋友、游戏和其他活动上，以促进身体的、心智的和精神的全面成长。
- 实现平衡意味着你需要考虑什么才是对你真正重要的，并且将你大部分时间和精力倾注于那些可以实现自我，并使生命更有意义的活动中。
- 实现平衡需要你不断就这些问题做出决定：你希望对生活的优先领域投入多少时间和精力？又要从那些非优先领域减少多少时间和精力？
- 维持平衡生活方式需要时间管理技能。
- 依照《呼吸空间》一书作者Jeff. 戴维森的观点，一旦我们感到没有呼吸的空间，这种感觉很快就会弥漫到我们生活的各个方面，减少我们的快乐感觉。当我们缺乏在工作和游戏之间的平衡时，当被要做的事情追着跑时，我们成为工作的奴隶，而不再是生活的主人。

案例：

将灯熄掉，以便看清灯泡

有一位商人，他是一家公司的总裁，事业蒸蒸日上。可是有一天，他发现自己的事业光明无比，而家庭这根保险丝断了，他和妻子的情感短路，孩子们的爱也变得陌生。于是，他开始反思，自己像一位海军陆战队队员那样日夜过着一种急行军生活，追求多少财富才算够？内心有一个声音告诉他：或许我错了，这不是我真正想要的生活。半年之后，他离开了总裁位置，回到家乡，买了几百亩地，和妻儿老小过起了田园生活，甚至汽车也不要了，赶起了马车。这就像我们常常追问自己，要生活，还是要更多的生活方式？我们的人生追求往往是追逐更多的光，而忽略了一只真正属于自己的灯泡。

11. 协调员要求参与者评价其生活在不同领域中的自我感受。协调员分发给参与者一张生活满意度测评表，该表是要求参与者就不同生活领域的满意程度进行回答。这个生活满意度测评将帮助他们找到哪些领域是他们可以努力改进的。

12. 协调员邀请参与者思索下列的问题

（1）在哪些生活领域我觉得满意？哪些领域不满意，为什么？

（2）在这一个生活领域，是什么阻碍了我们得到满足？

活动层面——行动

13. 请参与者考虑你生活中可能造成不平衡的一些领域，该不平衡对你的影响是什么？对你的各种关系有何影响？对你的学习和生活有何影响？

14. 列出针对“问题区域”采取的实际策略，以创造一个更加平衡的生活方式（举例来说，有人忽略了健身，他就要制定每日做操 15 分钟的计划。有人忽略了与家人的情感联系，他就要制订每周回家一次的计划等）。

【所需材料】

- 生活满意度测量表。

从以下 8 个方面给你的生活满意程度评分，评分范围从 1 到 10，1 代表最不满意，10 代表最满意。将各项满意点用线连起来，所包围的面积就是你的满意区域。

		工作	家庭	休闲	心理	朋友	精神生活	健康	社区
非常满意	10								
	9								
	8								
	7								
	6								
中等满意	5								
	4								
	3								
	2								
很不满意	1								

（1）找出你生活中不平衡的因素，并极力改善。

（2）确定你生活中的优先领域是什么？重新安排自己的生活。

（3）制定改善生活质量的计划。

【评价方式】

根据自己实际状况制定出提高生活质量的计划，并有步骤地在实际生活中实施，在实践中体会我们的幸福感，从而提高生活的满意度。

【建议读物】

1. 李开复. 做最好的自己［M］. 北京：人民出版社，2005.

2. 唐汶. 学会选择 学会放弃［M］. 北京：中国商业出版社，2004.

模块 7
安全防护

这一模块相关联的核心价值是健康和人与自然的和谐。健康即指人的身体、智力、情感、社会和精神上的一种康乐状态，以及人与人之间、人与自然之间的一种协调共生的关系。这不仅要求我们对自身的健康负责，也要求我们保护地球上其他任何形态的生命，成为环境的看护者。

这一模块对应的相关价值观是安全与保障，即指有意识地努力保护人身、财产、工作场所和环境免受潜在的损害、威胁、破坏和损失。

【学习目标】

- 认识安全实践的重要性，认识到潜在的灾难与伤害，不仅危及个人，还会殃及工作场所和自然环境。
- 确定影响工作场所安全实践的因素。
- 评价与安全有关的个人实践。
- 提高对安全工作场所和环境重要性的认识。

【学习内容】

- 是否将安全作为一种价值观并安全地开展实践活动，具有或缺失安全价值和安全实践对工人、财产、环境会有什么不同的后果?
- 促进或阻碍安全实践的因素。
- 安全工作实践。

【学习活动】

认知层面——知晓

1. 活动导入

协调员讲述一件以往的意外事故，并要求每一个学习者回想自身以往的意外事故经历，那些造成人身伤害、财产损失或环境破坏的后果，并确定事故的特征：

- 意外事故的性质

- 意外事故发生的现场
- 引发意外的事件的环节
- 意外事故的主要原因
- 从意外事故中得到的教训是什么?

2. 课堂交流：与身边的参与者分享自己的经历和认识。

3. 协调员鼓励几个参与者向大家分享其经验，归纳意外事故的性质。

概念层面——理解

4. 协调员引导参与者思考以下问题。

（1）你注意到引起意外事故的一般原因是什么?

（2）你观察到你自己和他人是如何对意外进行防范准备的?

（3）说明准备和不准备的各自原因是什么?

（4）安全实践需要什么?

协调员总结：

协调员根据大家的体验，启发参与者认识到安全防护既是一种价值观，也是一种实践，如果没有对意外事故的预防，就有潜在的人身伤害、财产损失和环境破坏等方面的危险性。

5. 协调员阐述

（1）人作为生命个体，首先要学会生存。生存，除了最基本的衣、食、住、行外，还要学会安全防护。对人来说，生命是最珍贵的，而安全是生命的保障。要知道现实生活中许多潜在的安全隐患，威胁到人的生命、健康、财产等安全。

（2）安全的含义：没有危险；不受威胁；不出事故。

（3）马斯洛需要层次理论：

马斯洛（Abraham Harold Maslow, 1908—1970）是一位美国（人文主义）心理学家，曾经进行人类的社会心理学研究。他认为，人类的需要（点此查看定义）是分层次的，由低到高。由下到上分别是：

自我实现的需要

尊重的需要

社交的需要

安全的需要

生理的需要

安全的需要要求劳动安全、职业安全、生活稳定、希望免于灾难、希望未来有保障等，具体表现在：①物质上的：如操作安全、劳动保护和保健待遇等；②经济上的：如失业、意外事故、养老等；③心理上的：希望解除严酷监督的威胁，希望免受不公正待遇，工作有应付能力和信心。安全需要比生理需要较高一级，当生理需要得到满足以后就要保障这种需要。每一个在现实中生活的人，都会产生安全感的欲望、自由的欲望、防御实力的欲望。

由上可知，人最基本的生理需要得到满足后，安全需要就有了非常重要的意义。但现实生活中潜在危险的存在，使安全需要受到威胁。

6. 协调员列举现实生活中大量案例，谈安全的重要性。

（1）数据资料

中国 2006 年 1 月 1 日—9 月 24 日已发生 69 起特大安全生产事故，死 1105 人，其中：

工矿商贸企业发生 28 起，死亡 517 人；

煤矿企业发生 21 起，死亡 402 人；

金属与非金属矿发生 2 起，死亡 27 人；

建筑企业发生 1 起，死亡 11 人；

危险化学品发生 1 起，死亡 22 人；

火灾事故发生 3 起，死亡 39 人；

道路交通发生 33 起，死亡 473 人；

铁路交通发生 1 起，死亡 14 人；

渔业船舶发生 1 起，死亡 12 人；

乡镇船舶发生 3 起，死亡 50 人。

全国发生一次死亡 30 人以上特别重大事故 3 起，死亡 120 人。

2005 年，全国共发生道路交通事故 450254 起，造成 98738 人死亡、469911 人受伤，直接财产损失 18.8 亿元。

（2）近期灾难事故报道

① 甘肃兰州一矿区今日发生山体滑坡，16 人被困井下（11/01 14:33）；

② 湖北大悟发生氨气泄漏事故，造成 1 人死亡 4 人受伤（11/01 14:14）；

③ 新疆八一煤矿矿难，遇难矿工每人获赔 20 万元（图）（10/31 14:33）；

④ 太原耙沟煤矿火药爆炸事故 3 人死亡，仍有 8 人被困（10/31 14:30）；

⑤ 京沪高速高邮段团雾引发 6 起连环撞，5 人死 50 人伤（10/31 13:52）；

⑥ 江苏建湖县一在建居民楼倒塌，造成 4 死 3 重伤（图）（10/26 14:08）；

⑦ 吉林省白山市一煤矿发生瓦斯爆炸，造成 11 人死亡（10/26 11:40）；

⑧ 吉林省白山市新宇煤矿发生瓦斯爆炸，造成 11 人死亡（10/26 10:30）；

⑨ 上海外滩一商务楼今上午失火，幸未造成人员伤亡（10/22 20:21）；

⑩ 新疆 21 日发生两车相撞事故，当场造成 11 人死伤（10/22 11:34）；

⑪ 安徽一金矿发生硝酸烟雾中毒事故，1 人死 6 人中毒（10/21 22:19）；

⑫ 云南元阳发生爆炸案，2 人死亡 17 人伤，主嫌被抓获（10/21 17:25）；

⑬ 浙江游客在山西遇车祸 3 人死亡，10 余人重伤（图）（10/18 10:38）；

⑭ 黑龙江一典范煤矿擅自开采致瓦斯爆炸 8 人失踪（10/18 01:43）；

⑮ 河北金能集团盛源公司宣东矿瓦斯爆炸 4 矿工遇难（10/17 14:22）。

（3）较大事故报道

① 2005 年 10 月四川通江一小学踩踏事故，死 10 人。

② 2005 年 10 月山西沁源县特大交通事故，21 人死亡，18 人受伤。

③ 2005 年 10 月一辆满载电石的大货车因制动失灵与载有 33 人的大客车在八达岭高速相撞，翻落山沟，24 人死亡，9 人受伤。这是新中国成立以来北京市发生的一起最严重的交通事故。

④ 2006 年 10 月 29 日，尼日利亚一架客机坠毁，机上 97 名乘客死亡，仅 7 名生还。

7. 协调员总结安全防护的重要性：

（1）人的生命、健康和财产安全。

（2）工作场所的有效保护。

（3）自然环境的保护。

8. 安全隐患的来源

活动：

（1）协调员要求参与者思索这一问题：你的生活中有哪些安全隐患？

（2）协调员分发给参与者每组一张纸，要求他们写下自己生活中的安全隐患，按内容进行组织。

（3）要求每组一名代表发言，然后与其他参与者分享这些观点。

（4）协调员根据发言进行补充。

总结：

（1）家庭

家用电器都存在着电磁辐射

装修、装饰污染

饮食的卫生安全

（2）学校

案例 1：

违规使用电器，引发火灾

2002 年 9 月 18 日 21 时 35 分，某高校两名研究生在宿舍内使用热得快烧水，外出时未拔电源引起火灾，经消防人员扑救，22 时 30 分大火被完全扑灭，这次火灾造成四间房屋被烧毁，一间房屋严重受损，十四间房屋被水浸泡，受损面积近 300 平方米，无人员伤亡，直接损失 3 万余元。火灾不仅给学校和部分学生财产造成损失，同时造成一定影响和后果，经海淀消防监督处勘查认定：引发火灾的原因是 324 宿舍使用“热得快”烧水造成电线短路起火。

案例 2：

为省钱、图便宜使用劣质手机电池险些酿成一场大火

某高校一名学生，在一处非正规手机电池经销点花 40 元购买了一块手机电池，在使用了 2 个多月后的一天早上，将这块充好电的手机电池随手放在床上，傍晚，电池突然爆炸，引燃了床上的床单和褥子，幸好当时宿舍内有人，及时扑救，避免了一场大火的发生。

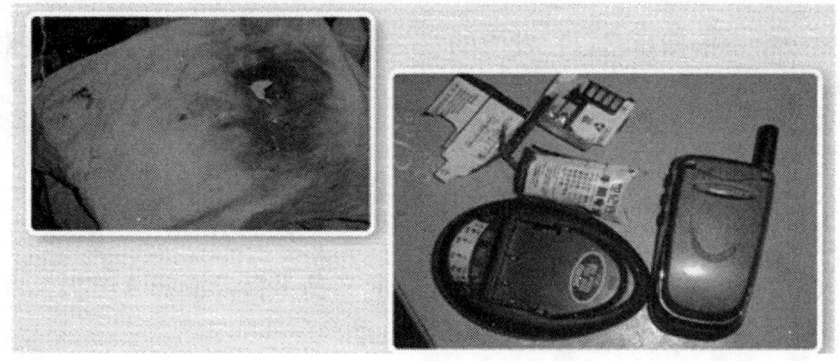

（3）工作场所

案例 1：

新疆克拉玛依友谊馆大火

1994 年 12 月 8 日，在新疆克拉玛依市友谊馆大礼堂内，7 所中学、8 所小学的 15 个规范班的学生、教师们作汇报演出。由于舞台上的照明灯与大幕相距太近，幕布被照明灯烤着后，迅速燃烧起来。几分钟后，烧着了电线，造成电线短路。火越着越大，幕布和其他塑料制品释放出来的大量浓烟和有毒气体，充满了礼堂。因现场违章管理，只留有一处出口，孩子们东撞西碰，很多人无法冲出火海。这场火致使师生 325 人死亡，130 人重伤。

案例 2：美国 1986 年“挑战者”号航天飞机和 2003 年哥伦比亚航空飞机发生空难事件原因分析

（4）道路

案例：插入视频——交通事故的真实记录资料

协调员总结：

对工作场所潜在的危险和灾害保持警惕，牢记防范措施十分必要。采取适当的安全防范措施和进行安全文明生产，意外事故就能在很大程度上得到避免。

有时，事故的后果会给很多人带来危害，而不仅仅是在现场的工人。特别是使用重型机械、电力设备，进行化学、生物生产和有辐射源时，尤为如此。我们靠自然界的空气、水、食物和住房生存，我们必须保护它们，为了我们自己．也为了子孙后代。全体工人都有责任提高防范危险的意识，同时，提醒管理者和同事注意新的危险隐患，进行相应的安全实践工作，尽量做好针对自身和他人的必要的安全防范事宜。

协调员讨论引发意外事故的三个最普遍的原因：与知识技能相关的无知，与价值相关的不以为然。与态度相关的粗心大意。协调员要求参与者提高认识并联系行动。

情感层面——评价

9. 协调员要求学生根据自己以往发生的意外事故的原因，对以下三个因素排队，1 代表最主要，3 代表最次要。

（1）愚昧无知

（2）疏忽大意

（3）不以为然

协调员要求学生选择 1 时举起手臂，选择 2 时弯曲手臂，选择 3 时拇指向下指。

互动交流：

协调员按学生的三种观点将他们进行分组。并要求各组交流、分享对以下问题的看法。

（1）什么使你将这个选择答案的号码确定为 1?

（2）你在提出这一因素时，忽略了什么?

- 为了克服对安全实践的愚昧，你需要什么知识和技能?
- 什么因素导致你对安全实践价值的忽略?
- 什么因素使你产生对安全实践采取的漠视态度?

互动交流：

协调员要求每一个小组交流其讨论成果，包括他们学习过程中获得的感悟和认识。

协调员对学习进行总结，包括学生的感悟和认识，并引导学生将这些收获与安全实践结合起来。

活动层面——行动

10. 协调员引导学习者进入一个具体化的潜在工作场所，这是学习者未来将进入的。教师引导学习者观察并能提出：

- 在工作场所中潜在的职业危险。
- 为防范职业伤害，采取的措施。
- 妨碍采取这些防范措施的个人因素。

11. 共同讨论：

参与者注意到生活中忽视了哪些安全要点，协调员鼓励志愿者与大家分享他们学习到的必要的安全防范措施。

【课后作业】

1. 对日常生活中可能出现的安全隐患如火灾、触电等制定几条防范或应对措施。
2. 根据自己以往意外事故的原因，总结出几条防范对策，并在现实生活中进行实践。

模块 8
安全地工作

与这一模块相关的核心价值观是健康和人与自然和谐。健康即指人的身体、智力、情感、社会和精神上的一种康乐状态，以及人与人之间、人与自然之间的一种协调共生的关系。这不仅要求我们对自身的健康负责，也要求我们保护地球上其他任何形态的生命，成为环境的看护者。

这一模块对应的相关价值观是安全与保障，即指有意识地努力保护人身、财产、工作场所和环境免受潜在的损害、威胁、破坏和损失。

【学习目标】

- 通晓熟悉工作场所健康、安全和幸福友好的国际标准。
- 深入理解那些面对工作伤害、伤亡、危险境地的个人和弱势群体的问题。
- 能够观察与记录带来伤害和伤亡的与工作相关的潜在安全问题。
- 建立工作场所的健康、安全和环境友好、幸福的价值观意识。
- 开发用于制定健康和安全防护行动指施的技能。

【学习内容】

国际及国内文件，例如：

- 国际劳工组织 ILO 关于“安全、健康与环境”的安全工作计划。
- 国际劳工组织的宪章、宣言和公约。
- 《中华人民共和国安全生产法》。

【学习活动】

认知层面——知晓

1. 协调员请参与者了解熟悉一些与工作场所健康、安全和友好相关的背景知识。

（1）国际劳工组织（ILO）

根据国际劳工组织统计，世界上每年大约有 120 万人死于工伤和职业疾病，另外每年有 2.5 亿人蒙受工伤事故，1.6 亿人遭受职业疾病的折磨。这些情况 90%发生于那些微小企业，在那里通常条件很差，工人得不到必要的劳动保护。

国际劳工组织建立的目的是为了保证每一个人具有一个自由生活、受人尊重、安全的工作，避免工作中的伤害和疾病。因此国际劳工组织建立了劳动和社会事务方面的国际标准，大约 70 个涉及职业安全和健康的问题，此外还有许多实际问题，手册提供了保证职业健康的具体规定。

虽然每种工作都有着不同程度的危险，但世界上最危险的产业是农业、伐木业、捕鱼业、建筑业和矿业。这些产业集中在发展中国家，在这些产业中只有 10%的劳动者能够享受到防护职业病的保险。

（2）《中华人民共和国安全生产法》（摘选）

涉及生产经营单位应当具备本法和有关法律、行政法规和国家标准或者行业标准规定的安全生产条件；不具备安全生产条件的，不得从事生产经营活动，生产经营单位要督促、检查本单位的安全生产工作，及时消除生产安全事故隐患。

（3）《中华人民共和国职业病防治法》（摘选）

企业应该将有毒作业的情况告知职工，并且提供有效的防护用具及使用培训，定期为职工体检掌握职工健康状况。作为职工，应该遵守操作规定，正确佩戴、使用防护用品，避免中毒的发生。只要严格按照法律的要求，预防职业病中毒并不难。

（4）《中华人民共和国劳动法》（摘选）

各级劳动保障部门应严格督促企业遵守劳动保护和工作时间的规定，依法安排劳动时间，不得在禁忌岗位上招用女工和未成年工，严禁招用童工。

2. 职业安全状况：

在最近一份国际劳工局的报告中，全球职业死亡水平被估计为每年 200 万人，而且有迹象表明，发展中国家发生职业事故和职业病的水平在逐年上升。导致这些死亡数字的主要原因是职业癌症、循环系统的和脑血管系统的疾病以及某些传染病。

预防性战略：所有的职业事故都是由可以预防的因素造成的，通过实施众所周知的措施，这些因素是可以被消除的。这一点通过发达国家不断降低的事故率就可以得到证明。

3. 协调员要求参与者列出工作场所的所有健康与安全问题

案例讨论：

案例 1：插入视频——职业病带给他们的灾难

案例 2：《京华时报》10 月 25 日报道

大兴西红门镇在建的“星光演播厅”发生塌陷，造成 13 人受伤，1 人死亡。该施工队无任何资质，其负责人张某冒用河北一家建筑公司的名义签定了分包合同。在浇注顶板混凝土时，张某没有制定施工方案，在模板支架搭设随意且质量差，所使用的建筑材料存在明显质量缺陷的情况下，强令工人违章冒险作业，致使正在施工的演播大厅夹层顶板坍塌，酿成大祸。

课堂讨论：

在工作环境或条件存在危险的情况下，面对上司的命令，我们该如何做？

案例 3：

胶水断送的幸福

20 来岁的大小伙子本应是意气风发的年龄，可现在却做不了任何细致的事，既不能自己系扣子，也打不了手机，甚至连路都走不直，这是为什么呢？

记者在北京朝阳医院职业病科，见到了这位因工业胶水中毒的病人，他叫王小龙，是北京一家胶水厂的制胶工人，看到他现在的样子，很难想象他今年只有 26 岁。不久前还是老家地里的壮劳力，现在已经部分失去了生活自理能力，连接电话这样简单的动作都完成不了。

这家胶水厂采取了一个非常落后的工艺，在这个工艺配方中，它选择丙烯酰胺作原料，这是一种毒性比较强的化学物质，具有中等毒性，对于这种产品的使用，国家有着严格的规定，因为它在高温下会挥发产生有毒气体，通过呼吸道和皮肤毛孔被人体吸收，长期超剂量接触的人，就会出现和王小龙一样的中毒症状，而且很难恢复。

由于中毒，王小龙支配手指和脚趾的运动神经受到了损伤，现在，这个 20 多岁的小伙子连自己吃饭都成了问题，因为他拿不了筷子。

由于添加了丙烯酰氨的胶水黏合力强，且价格便宜，现在，在我国的制鞋行业中仍在广泛使用。这就使得，中毒事件不仅在生产胶水的企业容易发生，在使用胶水较多的制鞋业也屡有发生。不久前，在制鞋业十分发达的福建省莆田市，就曾发生过鞋厂工人中毒的事件。

记者走访了几家鞋厂，无一例外都不让进门。记者无法直接拍摄工厂里的工作情况，但是，通过对几家鞋厂的外部观察，还是发现了问题，我们可以看到几乎所有厂房的窗子都是关着的，既然胶水有毒，就需要一个良好的通风环境，可是鞋厂在通风这个环节上显然就已经不符合要求了。那么，这些企业是不是替职工采取了别的保护措施呢？根据记者调查，工厂并未为职工采取任何保护措施。

案例 4：插入视频——工人高温天气作业胸口口袋中手机爆炸致死。

案例 5：甘肃皋兰县电石车间爆炸 19 名工人被烧伤。

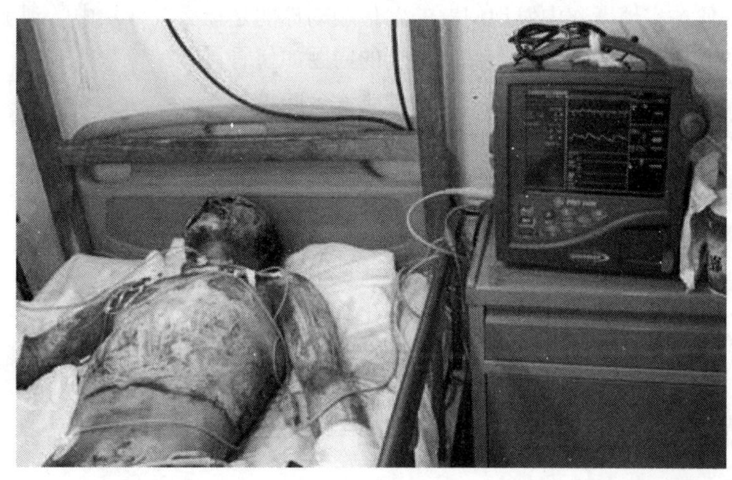

案例 6：

1999 年 8 月 15 日上午 10 点 30 分，砖厂老板让工人胡昌玉清理一下堵着泥缸的搅拌机。胡昌玉在清理前先通知林老板断了电，便干起活来。谁知，在胡昌玉还没清理完的时候，林老板就亲自送了电。搅拌机立刻轰然作响运转起来。胡昌玉在毫无准备的情况下整个左脚被卷进了搅拌机里。

案例 7：

某公司制药厂旧厂房维修工地，在外墙窗口抹灰时，脚手架扣件突然断裂，架体横杆塌落，正在作业的二位工人从3楼摔下，1名死亡，1名重伤。

课堂讨论：

协调员要求参与者结合以上事例谈工作场所的健康与安全问题，包括健康安全的工作环境，鼓励参与者举出自己亲身经历的案例，尤其要谈到工作场所是否具有合适的安全措施。

协调员总结：

安全地工作对每一个人来说都有着非同寻常的意义，生命是属于我们自己的，健康是属于我们自己的，财产是属于我们自己的，环境更是属于我们的，每个人都要有高度的安全意识，这是对自己负责，对他人负责，对社会负责，让自己成为一个有责任心的人。

概念层面——理解

4. 实践活动

协调员要求参与者一同进行一次现场考察，内容是对他们自己的培训机构、教学场所或他们邻居进行一次安全检查。参与者进行健康与安全潜在问题的观察与记录：是否有合适的安全措施，如防火、急救设备、防护服装、警示信号、操作口令，摆放是否明显等。

5. 返回后，参与者分享他们的发现并讨论观察到的可能出现的危险及人身、设备安全问题，参与者还将针对问题提出确定的危害解决与防护措施。

情感层面——评价

6. 活动的反思

协调员带领参与者继续根据下列问题进行反省：

- 你是如何在实地考察中发现问题的？最触动你的是什么？你从中学到了什么？
- 在考察之前，你对这些危害健康安全的问题如何看待？
- 解释一下是什么使你获得或者缺失健康安全的价值？
- 这次经验使你思考或反思一些什么问题？

7. 互动交流

协调员收集一些参与者的感悟和认识，组织参与者进行交流。

活动层面——行动

8. 课堂活动

参与者针对自己的工作环境及职业特点，制定一个完善的健康安全准则。这个准则包括一系列程序和防范潜在危害的措施。

9. 实践活动

协调员督促参与者进行一次安全方面的宣传，包括职业安全方面的法律、法规和其他有关规定，也包括职业安全防护的有关知识与技能。

【课后作业】

要求参与者对自己的工作场所进行一次安全检查，参与者对健康与安全的潜在问题进行观察与记录：是否有合适的安全措施，如防火、急救设备、防护服装、警示信号、操作口令，摆放是否明显等。对检查中发现的可能危及人身、设备安全的问题，参与者要提出明确的安全隐患解决与防护措施。

【背景材料】

1. 国际劳工组织（ILO）

国际劳工组织建立，一个关键的作用就是以公约和备忘录的形式建立了劳动和社会事务方面的国际标准。标准包括有大约 70 个涉及职业安全和健康的问题，此外还有许多实际问题，参阅手册提供了保证职业健康的具体规定。

国际劳工组织（ILO）1944 年发布的宣言，第三章中提出："充分保护所有职业领域中工人的生命和健康。"为了实现这一宗旨，迫切需要降低工作场所死、伤、病的发生率，ILO 为此建立了"关于安全健康与环境的安全工作全球计划"。《安全工作计划》目标是建立一个工业灾难的后果、影响范围、影响程度的全球意识，促进一种根据国际劳动标准建立的面向全体工人的最基本的劳动保护。这一计划主要侧重于危险职业和易受伤害人群和那些在非正规企业工作，缺乏劳动保护的人群（如由于年龄、性别或临时工作等）的安全防护措施。

政府和雇主都要充分认识和解决好工人身体与心理的健康问题、关照职业健康和工作质量。有效的防护措施和改善工作条件。将减少人员的伤病，从而减少伤亡疾病带来的社会开支，促进生产率和工作质量的提高，降低生产和服务的成本。

工作场所的安全问题量大面广，由于使用危险的重型机械设备造成的严重事故：暴露于致癌化学物质，如铅、石棉等；暴露于传染疾病和其他病毒或医院工人的放射性工作；矿工和建筑工人饱受噪音和震动的干扰；办公室工人使用的印刷复印用的有毒粉末，等等。很清楚，防护规则是最重要的，如化学标志，防护服装，操作指示和安全生产数据等。但是，工人（在安全使用设备和化学物质时）仍需要有危险防范意识，并应给他们提供相关的信息和培训，以防万一。

非传统方面的工人健康和安全问题，其重要性同样不可忽视．如吸烟、毒品、酒精、压力和传染性病疾等问题，要帮助工人处理好这些问题。

说到底，健康是工人自身的事，但也涉及到社区广泛意义的健康和幸福。要通过对大小企业排放生产废料、放射有毒物造成的空气和水的污染进行治理，来保护我们的环境。

最近，工作场所必须施加更严格的安全检查和防范措施以保护工人和公众的安全，要努力避免在机场、公共汽车、火车站、购物中心和其他公共场所潜在的灾难。

2.《中华人民共和国安全生产法》（摘选）

第十六条　生产经营单位应当具备本法和有关法律、行政法规和国家标准或者行业标准规的安全生产条件；不具备安全生产条件的，不得从事生产经营活动。

第十七条　生产经营单位的主要负责人要督促、检查本单位的安全生产工作，及时消除生产安全事故隐患；

组织制定并实施本单位的生产安全事故应急救援预案；及时、如实报告生产安全事故。

第十八条　生产经营单位应当具备的安全生产条件所必需的资金投入，由生产经营单位的决策机构、主要负责人或者个人经营的投资人予以保证，并对由于安全生产所必需的资金投入不足导致的后果承担责任。

第十九条　矿山、建筑施工单位和危险物品的生产、经营、储存单位，应当设置安全生产管理机构或者配备专职安全生产管理人员。

第二十一条　生产经营单位应当对从业人员进行安全生产教育和培训，保证从业人员具备必要的安全生产知识，熟悉有关的安全生产规章制度和安全操作规程，掌握本岗位的安全操作技能。未经安全生产教育和培训合格的从业人员，不得上岗作业。

第二十二条　生产经营单位采用新工艺、新技术、新材料或者使用新设备，必须了解、掌握其安全技术特性，采取有效的安全防护措施，并对从业人员进行专门的安全生产教育和培训。

第二十八条　生产经营单位应当在有较大危险因素的生产经营场所和有关设施、设备上，设置明显的安全警示标志。（工人错把硫酸当做水洗手洗脸案）

第二十九条　安全设备的设计、制造、安装、使用、检测、维修、改造和报废，应当符合国家标准或者行业标准。

生产经营单位必须对安全设备进行经常性维护、保养，并定期检测，保证正常运转。维护、保养、检测应当做好记录，并由有关人员签字。

第三十四条　生产、经营、储存、使用危险物品的车间、商店、仓库不得与员工宿舍在同一座建筑物内，并应当与员工宿舍保持安全距离。

生产经营场所和员工宿舍应当设有符合紧急疏散要求、标志明显、保持畅通的出口。禁止封闭、堵塞生产经营场所或者员工宿舍的出口。

第三十七条　生产经营单位必须为从业人员提供符合国家标准或者行业标准的劳动防护用品，并监督、教育从业人员按照使用规则佩戴、使用。

第四十四条　生产经营单位与从业人员订立的劳动合同，应当载明有关保障从业人员劳动安全、防止职业危害的事项，以及依法为从业人员办理工伤社会保险的事项。

生产经营单位不得以任何形式与从业人员订立协议，免除或者减轻其对从业人员因生产安全事故伤亡依法应承担的责任。

第四十五条　生产经营单位的从业人员有权了解其作业场所和工作岗位存在的危险因素、防范措施及事故应急措施，有权对本单位的安全生产工作提出建议。

第四十六条　从业人员有权对本单位安全生产工作中存在的问题提出批评、检举、控告；有权拒绝违章指挥和强令冒险作业。

生产经营单位不得因从业人员对本单位安全生产工作提出批评、检举、控告或者拒绝违章指挥、强令冒险作业而降低其工资、福利等待遇或者解除与其订立的劳动合同。

第四十七条　从业人员发现直接危及人身安全的紧急情况时，有权停止作业或者在采取可能的应急措施后撤离作业场所。

生产经营单位不得因从业人员在前款紧急情况下停止作业或者采取紧急撤离措施而降低其工资、福利等待遇或者解除与其订立的劳动合同。

第四十八条　因生产安全事故受到损害的从业人员，除依法享有工伤社会保险外，依照有关民事法律尚有获得赔偿的权利的，有权向本单位提出赔偿要求。

第四十九条　从业人员在作业过程中，应当严格遵守本单位的安全生产规章制度和操作规程，服从管理，正确佩戴和使用劳动防护用品。

第五十条 从业人员应当接受安全生产教育和培训，掌握本职工作所需的安全生产知识，提高安全生产技能，增强事故预防和应急处理能力。

第五十一条 从业人员发现事故隐患或者其他不安全因素，应当立即向现场安全生产管理人员或者本单位负责人报告；接到报告的人员应当及时予以处理。

3.《中华人民共和国职业病防治法》（摘选）

企业应该将有毒作业的情况告知职工，并且提供有效的防护用具及使用培训，定期为职工体检掌握职工健康状况。作为职工，应该遵守操作规定，正确佩戴、使用防护用品，避免中毒的发生。只要严格按照法律的要求，预防职业病中毒并不难。

核心价值观二　真理与智慧

模块 9
让正直成为一种生活方式

这一模块相关联的核心价值观是真理与智慧，真理与智慧是智力开发的最终目标。热爱真理表现在对知识的不懈追求。智慧是对生命的深刻意义和价值的识别和理解，并将其付诸实际行动的能力。

这一模块对应的相关的价值观是正直，即一个人表里如一的内在能力；言行的一致性，价值与行为的一致性；以及保持诚实品行。

【学习目标】

- 理解正直的意义及其在工作场所的价值。
- 将正直内化为个人的人性特征。
- 将正直的实践作为一种生活方式，做人方式和做事方式。

【学习内容】

- 正直的定义。
- 具有正直个性的人的特征。
- 促进发展正直个性的因素。

【学习活动】

认知层面——知晓

导入正直概念——美国2005年度十大流行词语榜首词汇。

活动设计：请用比较分析法剖析：正直/非正直人的言行特征/考试作弊。

（1）协调员请参与者分成学习小组，对所提问题进行讨论分析鉴别；

（2）协调员请各小组推介代表发言；

（3）协调员根据发言进行归纳提炼总结。引导参与者清晰地梳理“正直”的人和事及其表现，加深和准确地理解“正直”的含义。

互动设计：我们生活中（身边）的正直的人和事，体味你的内心感受。

背离正直的人和事，体味你的内心感受。

1. 协调员请参与者采用头脑风暴法，表达他们心中想到“正直”时，涌现出来的词语，例如：

- 可信任
- 信守承诺
- 抗腐蚀的
- 实践自己的信仰
- 不会爽约的
- 坚持那些美好、正确的东西
- 对行动负责的
- 任何时候都诚实

2. 协调员引进一个关于正直的定义：一个人整体的内在能力，言行的一致，价值与行为的统一，保持诚实的品行。协调员引导参与者将各自收集的关于正直的词语与定义进行比较。协调员在此基础上点明区分一个人是否生活在正直中的显著特点。

3. 协调员强调构建一个人正直的个性，在其个人生活和职业生涯中的重要性。

案例 1：

严厉正直的包拯①

包拯在朝廷为人刚毅，贵族宦官为之收敛，听说过包拯的人都很怕他。人们把包拯笑比黄河水清，儿童妇女也知道他的大名，喊他为“包待制”。京城称他说：“关节不到，有阎王爷包老。”以前的制度规定，凡是告状不得直接到官署庭下。包拯打开官府正门，使告状的人能够直接到他面前陈述是非曲直，使胥吏不敢欺骗长官。朝中官员和势家望族私筑园林楼榭，侵占了惠民河，因而使河道堵塞不通，正逢京城发大水，于是包拯将那些园林楼榭全部毁掉。有人拿着地券虚报自己的田地数，包拯都严格地加以检验，上奏弹劾弄虚作假的人。

包拯在三司任职时，凡是各库的供上物品，以前都向外地的州郡摊派，老百姓负担很重、深受困扰。包拯特地设置榷场进行公平买卖，百姓得以免遭困扰。官吏负欠公家钱帛的多被拘禁，一有机会就逃走，又把他的妻儿抓起来，包拯都给放了。

包拯性格严厉正直，对官吏苛刻之风十分厌恶，致力于敦厚宽容之政，虽然嫉恶如仇，但没有不以忠厚宽恕之道推行政务的，不随意附和别人，不装模作样地取悦别人，平时没有私人的书信往来，亲旧故友的消息都断绝了。虽然官位很高，但吃饭穿衣和日常用品都跟做平民时一样。他曾说：“后世子孙做官，有犯贪污之罪的，不得踏进家门，死后不得葬入大墓。不遵从我的志向，就不是我的子孙。”

案例 2：

707 元～518 万元②

这是一个真实的故事。有一位出差在外地的先生通过电话向一个他经常去的彩票投注站的

---

① 资料来源：《宋史—列传第七十五——包拯传》。

② 摘自《读者》。

一位姑娘说，把彩票给他留着，钱等他出差回来再给她。但是，他因为工作之故耽搁了归程。彩票开奖后，他接到彩票投注站的电话，说他委托她买的彩票中了大奖，奖金是518万元。

他听后哈哈大笑，说："你别蒙我了，我怎么可能中大奖呢。即使中了大奖，彩票也在你那里。"说完，他搁了电话，不再理会她。

他心里想，大概她以为他不想付那707元钱了，故意骗他到投注站去。

"唉，现在的人哪，大家相互不信任。"他在心里感叹着。

第二个电话又随即而来，她十分焦急地对他说："先生，你委托我买的彩票真的中了大奖，快回来拿吧。"

他没好气地说："你我算是熟人了，我又不会少你钱。"说完就不耐烦地搁了电话。

三天后，他拿着707元钱到投注站，想结清上一期的欠账。一走进投注站，她就把一张彩票放到他的手中，说："这是你的彩票，你真的中了大奖，快去兑奖吧。"

他看了看手中的彩票，真的中了大奖？他有些反应不过来，半信半疑地到了兑奖中心，等领到了518万元巨奖时，他还仿佛在梦中一样。

这是一个真实的故事，发生在广东化州市，那位在巨奖面前毫无贪心的彩票投注站主名叫林海燕，去年年底，她被中国体彩中心授予"中国体彩发行诚信先进个人"称号，化州市和附近的市民纷纷慕名前来看望这位真诚得有些愚蠢的普通人。

她的行为在常人看来真的有些"不可理喻"，彩票没有交给他人，而在自己的手上，518万元的金钱归谁只不过是一个说法问题，她只要说是自己购买的，别人就没有权利获取那巨额钱款。而她偏偏没有这样做。

有时候，我们不得不为人性中的许多闪光点而感动，它犹如在夜空中的星辰一样可以照亮灵魂，让人相信这个世界的美好，即使遭受再多欺骗，总有一些闪亮的星辰永远挂在夜空中，不至于让我们迷路。

概念层面——理解

4. 协调员继续鼓励参与者引用一些呼唤正直或考验正直的案例和情景。例如下列一些案例或情景：

- 考试作弊；
- 有机会实施恩惠，表现仁慈；
- 说谎话；
- 对待监督者与上级赋予的信任；
- 欺骗某人；
- 经手财经事宜。

协调员欢迎参与者，对此给予正面或反面的回应。这种交流最基本的不在于看参与者自身是否正直，而是他们充满兴趣地检验正直存在或缺失的原因。

5. 协调员与参与者讨论那些促进或阻碍正直个性发展的因素。协调员要把这一议程作为一个讨论，而不是一个对人的检测、说教或怪罪。

- 个人因素；
- 环境因素；
- 社会因素；

情感层面——评价

6. 基于上述的讨论，协调员抛出一个问题：你对自己的正直打多少分（最低 0 分，最高 100 分）？

7. 协调员按 0～40 分，41～60 分，61～75 分，76～100 分。将参与者分为 5 个小组。协调员指导各组的参与者，分享他们各自打分定值的原因。

8. 协调员从 5 个小组中各抽取一个样本，提供各不相同的经验与现实透视。

9. 协调员提出下列问题让参与者思考：

- 你根据什么给自己的正直打这个分数?
- 你对自己目前的正直水平怎么看?
- 提高自己的正直水平你需要做些什么?
- 在哪些领域你认为你仍然不能很正直地生活?
- 使正直成为你的生活方式，必须考虑些什么?

10. 协调员总结参与者们回答的问题，并提示正直在社会与人生中的重要性：

- 得到可信赖的朋友；
- 得到朋友的信赖；
- 得到正直人的赏识；
- 得到心安的睡眠；
- 促进事业的发展；
- 树立良好社会风尚……

案例：成功源于诚信公正的价值观——李开复

案例 1：

缺乏诚信的求职者

在微软亚洲研究院工作的时候，有一名前来面试的应聘者。这名年轻人无论是专业技术，还是企业管理，都非常优秀，正是研究院急需的人才。面试之余，年轻人试探性地向我表示："如果能得到贵公司的赏识和任用，我定会努力工作，并且会贡献出我在原公司的一项发明。并解释："那些工作都是下班后自己做的，属于业余发明，公司并不知道。"

经过一番谈话，对我而言，即便他的专业技术再高，管理才能再强，也决不会聘用他，因为他是一名缺乏诚信的人，缺乏最起码的处世准则和最起码的职业道德。

案例 2：

答应别人的事一定要做到

1981 年我在哥伦比亚大学读书的时候，法学院有一套很老的学生选课系统，是用 Cobol 语言编写的。院长想把这个软件从昂贵的 IBM 主机上，移植到价格低廉的 DECVAX 计算机上。于是找到了我，希望我能为法学院编写软件，并答应支付给我每小时 7 美元的工资。我打下保票，八月初可以完成任务。但是，由于计划的失误，到了 7 月底，我只好对院长说："这项工作的复杂程度超出了我的想象，大概还需一个月时间。"没想到，院长非常生气。他认为，我对工作显然不够重视，没有调查就轻易承诺，这让他失去了对我的信任。

我开始感觉很惊讶，但想了一晚后，我理解了院长的处境：他把这一项重要的工作交给一名学生，这对他来说是要冒很大风险的。但是，学生的偷懒和不负责任让他彻底失望。

我找到院长，并向他道歉。院长语重心长地对我说："希望你从这件事中更好地理解大多数企业对我们毕业生所抱有的诚信和负责的期望。"我从这件事中吸取了极大的教训，院长的话在我后来的人生中一直萦绕脑际。

案例 3：

一次痛苦的"价值观挣扎"

我在苹果公司工作时，恰逢一次公司裁员，当时我必须从两个业绩不佳的员工中裁掉一位。第一位员工毕业于卡内基 · 梅隆大学，是我的师兄。他十多年前写的论文非常出色，来公司后却很孤僻、固执，而且工作不努力，没有太多业绩可言。他知道面临危机后就跑来恳求我，告诉我他年纪不小，又有两个小孩，希望我顾念同窗之谊，放他一马。甚至连瑞迪教授（我和他共同的老师）都来电暗示我应尽量照顾师兄。另一位是刚加入公司两个月的新员工，他还没有时间表现，但应该是一位有潜力的员工。

我内心里的"公正"和"负责"的价值观告诉我应该裁掉师兄，但是我的"怜悯心"和"知恩图报"的观念却告诉我应该留下师兄，裁掉那位新员工。

我为自己做了"报纸测试"：在明天的报纸上，我希望看到下面哪一个头条消息呢？

（1）徇私的李开复，裁掉了无辜的员工；（2）冷酷的李开复，裁掉了同窗的师兄。

虽然我极不愿意看到这两个"头条消息"中的任何一条，但相比之下，前者给我的打击更大，因为它违背了我最基本的诚信公正的原则。如果违背了这一原则，那么我既没有颜面见到公司领导，也没有资格再做职业经理人了。于是，我裁掉了师兄，然后我告诉他，今后如果有任何需要我的地方，我都会尽力帮忙。

这是一个痛苦的经历，因为它违背了我内心很强烈的"怜悯心"和"知恩图报"的价值观。但是，"公正"和"负责"的价值观对我而言更崇高、更重要。虽然选择起来很困难，但最终我还是能够面对自己的良心，因为我知道这是公正、负责、诚信的决定。

活动层面——行动

11. 协调员要求参与者填写行动表——从今开始，为了在各领域中形成的正直生活方式，你认为"应当做的"和"不应当做的"，形成"志愿宣言"。

行动表——形成正直生活方式

地　　点	认为应当做的	认为不应当做的
在家庭中		
在学习中		
在工作中		

12. 协调员选择一些志愿者大声朗读他们自己的宣言。随后，协调员对此给予肯定和鼓励。

引用名人名言共勉：

- 几何以直线为最近，修身以正直为最好。（外国谚语）
- 无论谁也无法让行为正直的人离开正路。（阿富汗谚语）
- 做一个圣人，那是特殊情形，做一个正直的人，那却是为人的正轨。（雨果）
- 世上没有比正直更丰富的遗产了。（莎士比亚）

我们的愉快交流不会结束，因为，我们在直行轨道的正前方，仍有泥泞和坎坷，需要相互鼓励和支撑，需要牵手和交流！

【所需材料】

- 正直与诚信的条幅。
- 关于社会现实生活中的视听故事。
- 图标、图表。
- 纸和笔。
- 白板。
- 歌曲。

【评价方式】

1. 通过学习与交流关于正直、诚信话题，对自己的影响是什么？
2. 正直，诚信对社会生活及个人生活的重要意义是什么？

【建议读物】

1. 卢德斯. R. 奎苏姆宾，卓依 · 德 · 利奥. 学会做事——全球化中共同学习与工作的价值观［M］. 余祖光，译. 北京：人民教育出版社，2006.
2. 周国平. 周国平人文讲演录［M］. 上海：上海文艺出版社，2006.

模块 10
解决复杂问题

这一模块相关联的核心价值是真理与智慧，这是智力发展的最终目标。热爱真理意味着对知识不断地探索。智慧是辨别和理解生命和生活中最深的意义和价值，并且以此作为行动准则。

这一模块对应的相关价值观是系统思考，即当计划、解决问题和做决定的时候，考虑在某个整合的系统中所有事物相互之间联系的广义方法。

【学习目标】

- 意识到任何环境中存在的内部联系，例如工作地点、个人在系统中的影响和职责。
- 理解我们的世界观以及它怎么影响我们生活的环境。
- 认识自己可以在复杂的、可适应的系统中扮演起强大作用的有力角色。
- 感知到基于个人价值的位置并学会沟通价值取向。
- 学会解决问题并利用“双循环问题解决法”。

【学习内容】

- 系统及其内部联系的概念。
- 模型：组织环境中的绩效管理（吉姆·赫希改编自布莱恩·霍尔）。
- 价值观的形成过程及沟通的必要因素。
- 双循环问题解决法（克里斯·阿吉利斯）。

【学习活动】

A：“我”在系统中。

认知层面——知晓

1. 协调员介绍系统概念及其内部联系的复杂性。布莱恩·霍尔（Brian Hall）在《价值观发展读物》中提出，所谓智慧就是“了解主观事物和客观现实的本质，从而能够具备理解各种人、各种系统以及他们之间的内部联系的能力”。“系统”（System）这个词由来已久，在古希腊是指复杂事物的总体。到近代，科学家和哲学家常用系统来表示复杂的具有特定结构的整体。在宏观世界和微观世界，从基本粒子到宇宙，从细胞到人类社会，从动植物到社会组织，无不是系统的存在方式。系统可以包括若干子系统，但它本身又是更高层次系统的子系统。20 世纪 20 年代，奥地利学者贝塔朗菲认为：系统可以定义为相互作用着的若干要素的复合体。

2. 课堂讨论：北宋诗人苏轼《琴诗》："若言琴上有琴声，放在匣中何不鸣？若言声在指头上，何不于君指上听？" 美妙的乐曲是个有机整体，而整体都是由若干相互影响、相互制约的部分、要素构成的。在乐曲、琴声中，指头、琴、演奏者的思想感情、演奏技巧等部分、要素是相互依存、缺一不可的，它们之间是相互影响、相互制约的关系，存在着紧密的联系。

中医理论把人体视为整体系统。例如"耳为宗脉之聚"，耳朵通过经络系统与全身发生紧密联系。人体的各个部分与耳壳的不同部位有确定性的对应联系。人体藏腑或躯体患病时，耳壳的相应部位就会出现病变反映。

3. 协调员归纳系统及其内部联系的复杂性，帮助参与者树立系统思维的意识。古今中外的哲学家早就对系统整体性及其内部的联系性有深刻的认识。《易经·艮卦》曰："艮其背不获其身，行其庭不见其人"。东汉时期《淮南子》这本书把当时流行的阴阳、五行、八卦、九宫等理论综合成整齐有序、层次分明的结构体系，将天、地、人、物、事分别按照时间和空间顺序联系起来，构造出自然、社会与人三位一体的世界，体现出伟大的系统整体思维观念。所谓"夫天地运而相通，万物总而为一"。中国历史上"龙"的形成也是这种整体思维的体现。另外，许多典故和民谚都是表述事物之间的联系性的："城门失火，殃及池鱼"、"唇亡齿寒"、"皮之不存，毛将焉附"、"木秀于林，风必催之"、"一枝动而百枝摇"等。

系统论要求我们具备系统思维。它是处在特定的相互联系中与环境发生关系的各个组成部分构成的整体对事物进行系统分析和处理的思维活动，其宗旨是从整体把握系统的功能与作用。

概念层面——理解

4. 协调员要求参与者通过创建他们所属的"社会"系统的社会关系分析图来阐明系统的概念。这个系统可以是家庭、几个朋友组成的小团体或工作和学习环境等。目的是让他们理解各自在系统中的影响和职责的范围。协调员先以自身作示范，指导参与者画个圆圈，再在其中圈画出系统中被他们影响或影响他们的不同的人或机构，这些复杂的关系通过线与箭头的连接确定。每个人都在系统中有着各自的影响和职责，而且系统中各要素的联系是极为复杂的。

5. 课堂讨论："我"在系统中。参与者完成社会关系分析图后，协调员将参与者根据选取的"社会"系统类型分成若干组分别发言。

协调员指导参与者思考如下问题：

（1）你注意到你在系统中所产生的影响的广度吗?

（2）你在系统中尽到应尽的责任吗？

（3）你对自己在系统中的表现满意吗？

（4）你感觉你存在的问题是什么？

（5）你是否愿意改变或改进自己在系统中的影响和职责？

协调员总结参与者的观察结果、认识和见识，强化系统中复杂关系的概念。同时指出，人的本质是所有社会关系的总和。所以说，人不可能孤立于社会，人是社会的动物。人必定是存在于相应的系统中，也必须要在相应的系统中产生影响和承担责任。

6. 协调员提问并引导参与者讨论：影响个人在系统中表现的因素。影响个人在系统中表现的因素相当复杂，可能是身体因素、家庭因素，也可能是自然因素、社会因素或精神因素，但总体可以分为两类即主观因素和客观因素。就主观因素而言，其中对人的行为起重要指示作用并督促完成这些行为的是个人的价值观和世界观。世界观是人们对世界的总的看法。由于人们的社会地位不同，观察问题的角度不同，从而形成不同的世界观。

7. 协调员指导参与者阅读背景材料《吉姆·赫希的模型——组织环境中的绩效管理》，介绍其中不同的世界观以及与其相应的个人和组织特征。协调员和参与者共同提供现代职场中生动的事例。协调员将参与者分为7组，每个小组分别结合亲身经验阐述对赫希表格中某个世界观的看法。协调员让参与者从管理者的角度初步判断，哪种方法更有利于创造价值？

情感层面——评价

8. 课堂讨论：上述哪种世界观符合你的价值观念？协调员要求参与者结合上面创立社会关系分析图更深刻地回答如下问题：

（1）你现在的世界观如何影响你对目前所处的系统的态度和在系统中的表现？

（2）你怎样感受你现在的世界观影响你对目前所处的系统的态度和在系统中的表现？

（3）什么影响了你的世界观？

（4）你如何考虑或重新考虑你的世界观？

9. 协调员解释价值观的形成过程及其与世界观的关系。价值观就取决于世界观，和世界观是密切联系的。价值观是指人对周围客观事物的意义、重要性的总的评价和看法。它主要不是表明人们“知道什么，懂得什么，会做什么”，而是表明人们究竟“相信什么，想要什么，坚持追求和实现什么”，是人们在知识的基础上进行价值选择的内心定位、定向系统。有人形象地将“我”字拆成“找”和“丿”，价值观就是这笔撇，“找”到“丿”便实现“我”。但价值观不是与生俱来的，它是在后天的影响下形成的。所谓：“夫金木无常，方圆应形，亦有隐括，习与性成，故近朱者赤，近墨者黑。”（傅玄《太子少傅箴》）荀子也说，“蓬生麻中，不扶而直；白沙在涅，与之俱黑。兰槐之根是为芷，其根之滫，君子不近，庶人不服。其质非不美也，所渐者然也。”所以，每个人价值观都不尽相同，这就使得在价值观沟通的过程中可能产生障碍和分歧。

10. 课堂讨论：你如何看待从薪水中收取慈善捐款？

协调员帮助参与者总结正反两方面的意见，并从中找到合适的共同点，指出那些促进或组织形成有效的价值观沟通的重要因素。

11. 协调员和参与者共同举例交流：分享与别人在价值观沟通过程中的得失。

积极的价值观和世界观将有利于你在组织（系统）中的表现，使人身心舒畅、精神饱满地面对生活、学习和工作，有利于实现自身的人生理想和社会价值。

活动层面——行动

12. 协调员要求参与者确定在某些方面可能愿意改变或改进自己在系统中的影响和职责，并以书面形式记录下来。

13. 鼓励参与者根据他人的观点加强和提升他们的世界观，在这个过程中尽可能地确认给他们留下印象的、能更有效地进行价值观沟通的行为。

B：双循环问题解决方法。

认知层面——知晓

1. 协调员要求参与者注重系统内部要素的联系性，从而具备系统思维和全局意识。系统思维是人们必须把研究和处理的对象看作是完整的系统，并辨证地对待它的整体与部分、部分与部分、系统与环境等的相互作用和相互联系，以求对问题进行最佳处理。基于此，协调员向参与者提供双循环问题解决方法。

2. 协调员朗读来自克里斯·阿吉利斯的文章《教会聪明人如何学习》（节选）。

这段描述本来是针对企业管理中的学习问题的，它的意义在于告诉我们单循环方法的有限价值可能被描述为类似“膝跳反射”的情况，尽管可能会立即使问题得到缓解，但是这种影响在价值上可能是有限的。双循环的优点在于它告诉人怎样在复杂系统背景下和联系内提出关于问题状况的关键性所在。换言之，即在我们面对问题时不是要暂时性解决问题，而是要弄清问题的来龙去脉和相互关联，抓住问题的本质和关键因素，既要知其然，也要知其所以然，从根本上解决问题。

概念层面——理解

3. 协调员提出假设的双循环问题情境，使参与者尝试切实的双循环问题的解决方法。协调者可提出如下情节：

（1）老板在工厂每周例行巡视，询问工作情况，工人和管理者只报告好消息。老板为其拥有这样好的员工感到高兴，但却不知道怎样提高生产率。

（2）在工会的会议上，工人反对穿着管理人员提供的防护服，并将因此罢工。

（3）企业高薪聘请管理专家给员工进行培训，但员工们反应冷淡，听课时也无精打采。

4. 协调员要求参与者分组讨论这些情节，提出大量问题，这些问题可以要求参与者用双循环方法解决。应当揭开这些可能出现的问题情境的隐性复杂性，以便真正理解真实的问题而排除其他。

5. 参与者听完所有提炼过的问题后，在以下原则下进行筛选：这些问题怎样帮助参与者认识到事物的复杂性，而其中的关键所在又是什么？

6. 协调员归纳：我们要学会在复杂系统背景下和联系内找出关于问题状况的关键性所在。牵牛要牵牛鼻子。任何复杂问题都有其本质特征，有其内在规律和联系，抓住复杂问题的本质，按照客观规律办事，复杂的问题就会迎刃而解。正如桓谭在《新论》中所说：“举网以纲，千目皆张；振裘持领，万毛自整。”

情感层面——评价

7. 协调者和参与者思考在现实生活中的能从双循环思考中获益的情形。比如：

（1）日常生活中的例子：马桶冲水后，马桶的水塞和水漂分别起来，水塞不能回到原位堵住蓄水口，马桶存不住水。单循环的解决方法是掀起蓄水箱的盖，分开水塞和水漂，让水塞回到原位堵住蓄水口。但这样每次冲水后都得重复这个烦人的动作。于是，有人通过研究蓄水箱的工作原理后把水漂杠杆的底部加高，使问题得到彻底解决。

（2）“齐人有好猎者，旷日持久，而不得兽。入则愧其家室，出则愧其知友州里，惟其所以不得之故，则狗恶也。欲得良狗，则家贫无以。于是还疾耕，疾耕则家富，家富则有以求良狗，狗良则数得兽矣。田猎之获常过人矣。非独猎也，百事也尽然。”

（3）拉上你的窗帘：美国华盛顿广场杰斐逊纪念大厦的某处墙面出现裂纹，为解决这个问题，有关专家进行专门研讨。最初大家认为损害建筑物表面的元凶是侵蚀的酸雨。为此，专家们设计出复杂而又详尽的维护方案。但是经过深入研究，却发现最直接的原因是每天冲洗墙壁所用的清洁剂对建筑物有酸蚀作用。而每天冲洗墙壁是因为墙壁上每天都有大量的鸟粪。有那么多鸟粪是因为大厦周围聚集许多燕子。聚集这么多燕子是因为墙上有许多燕子爱吃的蜘蛛。有那么多的蜘蛛是因为大厦四周有蜘蛛喜欢吃的飞虫。有这么多飞虫是因为开着的窗子阳光充足，大量飞虫聚集在此，超常繁殖……由此，专家们解决的办法很简单，只要拉上大厦某一面的窗帘，所有的问题即可迎刃而解。先前设计的那些复杂的维护方案成为一纸空文。

在办任何事情时，首先要考虑事物之间的相互联系，找出关键所在，再设法加以解决。如果只是孤立地看问题，不考虑问题的症结，就无法从根本上解决问题。我们所处的环境是个复杂的系统，要学会系统思考，若能从中找出必然的联系，就可能收到事半功倍的效果。

活动层面——行动

8. 协调员指出，就目前人类的认识和思维水平来说，以系统论为理论基础的双循环问题解决方法应该是上好的认识论和方法论。参与者要学会在个人生活和职业中使用这种方法，例如用这种方法来分析如何应对就业困难问题。

【所需材料】

- 表格和附带的与此模块有关的背景材料。
- 黑板和粉笔。

模块 11
道德启蒙

这一模块相关联的核心价值观是真理与智慧，这是智力发展的最终目标。热爱真理表现在对知识的不懈追求，而智慧是认识和理解生命最深刻的意义和价值，并将其付诸行动的能力。

这一模块对应的相关价值观是道德启蒙，即指在获得准确信息和根据情形自我判断的基础上，理解和辨别正误的能力。

【学习目标】

- 在开发获得准确信息基础上，个人能够根据内心对情势的判断，理解和辨别正确与错误的能力。
- 反思个人在判断对错中的能力基础。
- 跟踪一个人日常生活中的道德启蒙。

【学习内容】

- 道德意识的形成。
- 基于道德的决策。

【学习活动】

情感层面——评价

1. 思考下列道德议题：

（1）在一次电视采访中，总政歌舞团的两位著名歌唱演员就假唱问题发表自己的看法，其中一位对假唱的做法非常愤慨，认为这是欺骗观众的行为，无异于行尸走肉；另一位则表示在演员身体或嗓子条件不好的情况下，为保证演出效果，采用假唱的方式是可以理解和接受的。对此，你的看法如何？

（2）当前，一些高职院校的学生或为取得奖学金、或为入党、当三好生、或为取得毕业证书以顺利实现就业，在考试的过程中，采用作弊手段来获取一个较为理想的成绩。对此你的看法如何？你有过此类情况吗？

（3）小王是一个保健品推销员，他知道自己推销的是过期产品，或者产品的功效没有那么大，但他仍然大作虚假广告，极力推销。因为这样会使他提高业绩，增加收入。如果你是一个消费者，你如何评价小王的做法？

（4）当前，在高职院校中，一些厌学、散漫又想蒙混过关的学生滥用手中评价教师的权力。对此，有些教师为迎合学生，博得好感，便擅自降低教育教学要求，敷衍了事。也有些教师坚持原则、严格要求，却换来不受欢迎的评价，甚至影响到自己的工作考核成绩。如果你是一个教师，你选择哪种工作态度？

（5）在一次应聘面试中，招聘方的负责人因认错了人，误把你当成一位曾经使他大受感动的乐于助人的好心人，不仅对你大加称赞，还非常乐于接纳你加盟他们的公司。而能够在这家知名企业工作恰恰是你梦寐以求的。对此，你做何选择？将错就错？实情相告？

（6）闻医生是一家医院的外科大夫。今天这位阑尾炎患者病情一般，靠吃药保守治疗即可痊愈。但这样处理，自己的手术量减少了，收入降低了，还会影响医院其他部门的经济效益。因此，闻医生向患者强调病情的严重程度，要求患者手术治疗并作一系列检查，还安排自己的副手和患者家属谈“红包”事宜。对患者希望保守治疗的请求和费用太高等方面的表示，闻医生理直气壮地说：“毛泽东时代看病可以不花钱，现在不同了！”对此，请谈谈你的感受。

（7）做美容师的工作很辛苦，但小陈是个机灵的姑娘。反正顾客也不是很清楚美容每一道程序的质与量的规定，于是小陈在为顾客服务时，便常有偷工减量、使用美容产品以次充好的情况。加之小陈嘴巴甜、会哄人，很得老板赏识，顾客即使有意见也不好意思批评，做人很吃得开。对此，你有何评价？准备向小陈学吗？

（8）刘某是个大学生，在他提交的专业毕业论文中，因有大量抄袭情况而被导师驳回。对此，他大为不满，认为老师太苛刻，师德有问题，是故意和他过不去。还表示如果自己不能顺利毕业就让老师承担责任。你认为刘某的做法和态度对吗？为什么？

（9）在公司业务的经营活动中，小张经常遇到这样的困惑：有些客户的红包不能收，因为收了就会破坏自己清白做人的原则和公司的规定；但是如果不收，这些客户就会跑到竞争对手哪里去。该如何处理这个矛盾呢？请谈谈你的意见。

（10）在和一些会计专业的白领丽人交谈时，经常听到这样的苦恼：“我们必须为老板做黑账，有些是违法的。想起来真的很气愤，真的不想干下去了。可事情从来都不能用单纯的好恶搞清楚。那样做有时是为了公司全体职工的利益，有时是为了对付上级的不合理政策，反正挺复杂的，我只好学着睁一只眼闭一只眼。” 你怎么看义与利之间的关系呢？

2. 发给参与者每人一张活页问卷（见本模块后的“附录”），要求如下：

（1）参与者任选上述部分道德议题，或他们在学校或工作场所遇到的一些道德议题填写在第一栏中，

（2）在第二栏中，参与者标明自己在这个问题中所持有的立场。

（3）在第三栏中，参与者要评估自己的立场是对还是错。

（4）在第四栏中，参与者鉴别自己进行是非判断的依据。

3. 参与者分为三个小组，分享、交流他们问卷填写的结果。

4. 协调员不带有任何批评地提取参与者的答卷，了解他们在如何辨别对错方面的个人领悟和决定。

认知层面——知晓

5. 课堂讨论

（1）协调员引导参与者讨论：在信息——即知识、个人信念系统——即自己的理想、价值观和道德意识的发展——即一个人的道德修养水平等因素中，伦理道德意识的重要性。

（2）案例导入：

在德国，曾有一名我国的留学生，毕业时成绩优秀，但在德国求职时却四处碰壁。后来，他又选了一家小公司求职，结果同样遭到了拒绝。他非常奇怪，后来严谨的德国人给这位留学生看了一份记录，在这份记录中记录着他乘坐公共汽车曾经被抓住过三次逃票的历史。在德国，公共汽车上一般被查逃票的概率仅为万分之三，而这位留学生竟被抓过三次，这在十分讲信誉的德国人看来简直是不可饶恕的。可见，一个人失去了最起码的诚信就难以生存。

“诚信乃立身之本，无信则不立。”日本松下在招聘员工的时候，将诚信作为一贯坚持的原则，认为一个人只有具备了诚信的品质，才能使商品和企业人格化，从而征服人心。松下认为，作为精神、道德层面的东西，讲诚信要靠自觉。要树立诚信的为人形象，关键在于个人的修身自律。

（3）协调员总结

德行，即人的道德与品行。东汉经学家郑玄注曰：“德行，内外之称，在心为德，施之为行。”我们知道，在人类广泛的生活实践中，真、善、美构成人类亘古及今追求的三大领域，相应地，科学、伦理道德意识、美学就成为人类精神文化的三大基本表现形式。其中，善的德行是人类一切精神品行中最伟大品性。因为在人生真、善、美的诸品行中，“真”仅仅是指真实的存在，一个拥有反映“真” 的科学知识或技术的人，如果没有伦理道德意识——“善”的引领，很可能不会正确运用自己的知识，反而使其成为作恶的手段、危害社会的工具，丧失人性；唯有“善”才能使人和动物分道扬镳。在社会发展中，人正是以“善”的道德规范实现对现实人性的自我节制，调整人与人之间、人与社会之间的关系，从而造就理想品性、美好社会的。而“美”无非是“真”和“善”的感性显现。人生因真和善的充盈，才流漾着美的风范。

今天，处于全球化的冲击之下，在向市场化、现代化转型的进程中，我们社会的发展出现了失衡的情况：伴随着发展物质文明的追求，精神家园却出现了失落与荒芜，种种恶德败行泛滥，各个领域的“潜规则”大畅其道，人与人、人与社会之间诸如公平、公正、公道、诚信等信仰的匮乏与丧失等等，已开始在社会发展的各个层面上彰显出来，威胁着社会秩序的稳定、经济的繁荣、文化的健康发展和现代化的真正实现。因此，加强社会主义思想道德建设，树立“八荣八耻”的社会主义荣辱观，以德治国，构建社会主义和谐社会，是非常迫切和重要的。

最后，引用意大利诗人但丁的一句名言作为结语：“人不能像走兽那样活着，人应该追求知识和美德。”

6. 协调员举例分析：说明一个道德问题决策的程序

（1）引入教学案例

案例：

你的选择，将决定你的命运

——小胜靠智　大胜靠德

台湾亚都丽致饭店总裁严长寿先生，年轻时曾在美国运通公司旅游部门服务，负责协助采购一些办公用品。有一次，公司需要购买几部电动打字机，价格约在新台币五万元左右。他们经过报价、比价之后，决定从一家贸易商那里采购。结果，那个贸易商在得标后，突然跑来找严长寿聊天。临走还塞了一个信封给他，里面装有 8000 元，相当于他当时四个月的薪水。

塞回扣、送红包的事情，其实常会发生在一些“利益关键人”的身上，可严长寿却不假思索地把这个事情告诉了总经理。

之后，贸易商将订货送来，严长寿查看了一下，发现其中有部分瑕疵。于是要求对方更换。结果，这个贸易商通过另外一个人传话给总经理说：“贵公司有一个姓严的年轻人索取回扣，还故意刁难厂商。”总经理听了大笑回答道：“这件事我早就知道了，我已经把 8000 元转为员工福利金了！”试想，当初严长寿要是默默收下了回扣，他还可能在五年后当上美国运通公司的总经理吗？

（2）请参与者根据上述案例，列表说明道德问题决策的程序。

道德议题：在“信用”面前，我们应坚守原则，还是随波逐流？
议题的内容： 在商业经营活动中，为获取利益，赢得竞争，送红包、收回扣是普遍流行的做法，心照不宣的潜规则。对此，你如何选择、决策呢？
正方论证：
反方论证：
结论：

7. 从上述案例分析中，协调员要引出并阐述道德意识发展的不同阶段问题：

道德意识发展实质上是道德认知、道德情感、道德意志共同作用、相互协调的建构和发展过程，亦即表现为逐步把握道德必然性而获得道德自由的发展过程。我们可以把这样一个意识的发展过程划分为如下三个具体发展阶段。

（1）自发阶段：这是道德自我意识的萌芽阶段。人作为主体，一开始就是一个充满各种欲望的存在。当他和社会及他人发生联系时，总带着实现自我欲望的冲动。可经验又使他能够意识到在他实现欲望时有一个他人和社会的“可以” 和“不可以” 的回答，以及随之而来的相应的对行为结果的善恶评价。这样一个“可以” 和“不可以”的经验积累，再加之于家庭、学校和社会的教育，就必然导致主体意识认知内省的出现。这个认知内省便是一种自发的道德自我意识。

在自发阶段，道德主体对道德规范及其规范所蕴含的必然性表现为无知或知之甚微的状态。这就规定了道德主体在进行道德选择时，要么是惘然不知所措，要么是凭自己情感的倾向性而不由自主地选择自己的行为，以自我为中心。同时，在道德的善恶评价上也缺乏独立的判断。因此，当道德自我意识尚处于自发状态时，道德主体是非常不自由的，处于道德他律阶段。

（2）自觉阶段：这是道德自我意识的“知情冲突”阶段。在自觉阶段，由于道德主体通过不断知觉内省，从而对道德规范及其客观必然性有了较多的和较全面的认识，道德自我意识开始摆脱了自发和无知的状态。因此，和自发阶段主要表现为情感的作用不同，道德自我意识在自觉阶段主要表现为意志的作用。亦即是说，道德主体在认识和把握了道德规范的必然性根据以后，在道德实践中能凭意志勉力而行。而这种勉力而行的过程往往是以克服不合道德规范的欲望冲动而表现出来的。

正是在自我欲望的冲动和凭意志抑制其中不合理冲动的抉择中，每一个道德主体显示了其自身的道德价值。也正是在这里，人类的道德实践才开始有了善与恶、崇高与卑俗、伟大与渺小的分野和区别。

然而，道德自我意识在这里尚未获得完全意义上的自由意志。因为只要主体还在把道德规范的必然性视为异己的东西，只凭意志自觉而不是自愿地去遵循这个“必然之则”，这就表明主体的道德选择和评价依然没有真正的自由。而且，在自觉阶段中，主体由于意志的不够坚强还常常会有一种摆脱道德规范约束和限制的欲望冲动。但道德规范实质上又是一种必然性的东西，试图摆脱它的种种努力都是徒劳无益的。而这正表明道德主体在这里依然是不自由的，仍然处在道德他律的阶段。

（3）自由阶段。这是道德自我意识的“自律”阶段。这样一个自由阶段无疑是道德自我意识发展的最高阶段。在这里道德主体不仅对道德规范的必然性有了正确的认识，而且无须或很少借助意志就能自愿地接受道德必然性的约束。道德规范作为一种“必然之则”已转化为主体自身的“当然之则”了。显然，由于道德主体不再把道德规范消极地视为异己的、外在的东西而强制自己遵循，而是自觉自愿地把道德规范转化为内心的一种信念。因而，道德主体凭着这种内心信念就能很自然地使自己的一言一行都合乎一定社会的道德规矩。我们理解，道德自我意识只有达到了这样的境界，才可以认为获得了真正完整意义上的自由。在这个境界里，不仅外在的道德规范变成了内在的道德要求，而且单纯被动地遵循道德规范变成了根据自己的意愿主动地带有创造性地去实践道德规范的过程。

如果借用康德的表述，那么道德自我意识的自由实质上就是“道德自律”。道德主体自觉自愿地为自己立法，把自己对欲望、目的追求主动地置于社会的道德规范之下。道德规范与欲望之间的冲突依然存在，但“自律”却使这种冲突在主体知、情、意的融汇中得以理想的解决。从这个意义上讲，道德主体意识的自由与“自律”事实上已标志着道德个体道德意识社会化的真正完成。

8. 根据上述理论，参与者讨论确定下列道德行为所处的道德发展阶段：

- 我做事只是简单地出于自己满意和高兴。
- 只要没有被抓住，我想干什么就干什么。
- 我按照权威（如父母、学校、政府领导等）教导的去做。
- 我依据法律办事。
- 我做对我自己最有利的事。
- 我根据自己的判断，认为只要是正确的就去做。

- 我按照我的社会道德意识行事。
- 我为我所关爱的世界作出关照的行动。

概念层面——理解

9. 协调员指导参与者进行角色扮演，分别表演道德意识的不同阶段是如何影响道德决策的。

（1）考场上，在无人监管的情况下，是否自觉遵守考场纪律问题。

（2）一个工商管理者在执行公务的过程中，面对业主暗中塞过来的红包所作的反应。

10. 协调员与参与者讨论并总结一个缺乏道德启蒙的道德决策实施问题。

当一个人的道德意识处于他律的阶段时，在缺乏外在监督和自律修养的情况下，道德规范对人行为的约束力往往是软弱的，有限的，容易受到破坏。道德决策在实施的过程中也常常是失败的，并会对社会产生危害。如：考场作弊、官场腐败、商场失信等。

由此可见，自发意识支配的德行无论其效果是多么有利于他人和社会，但却不能称为真正的“善”；自觉意识支配下的道德行为当然是一种“善”，但这种“善”毕竟带着一点无可奈何的色彩；唯有自由意识支配下的道德行为才是真正完整意义上的“善”。

因此，增强人的自我监督能力，提高人的道德自律水平，是实现社会主义道德信念，践行社会主义荣辱观的关键。

活动层面——行动

11. 协调员建议参与者携带《“新一页”项目》。这是一个笔记本，它可以监督我们的道德决定，以便不断提高我们的道德伦理水平。建议采用下列格式。

“新一页”项目

项目：

日期：

道德议题和两难局面：

事实：

作出的决定：

决定的依据：

正确还是错误：

替换的行动：

【所需材料】

- 《道德启蒙》活页问卷（见本模块后的“附录”）。
- 《“新一页”项目》笔记本。

附录：“道德启蒙”活页问卷

道德议题	立场	正确还是错误	决定的依据

【参考文献】

石滋宜．CEO 智慧．北京：北京大学出版社，2005.
黄应杭．伦理学新论．杭州：浙江大学出版社，2004.
刘智峰．道德中国．北京：中国社会科学出版社，2001.

【建议读物】

1. 王志燕．世界 500 强企业员工必备的 7 种美德［M］．北京：中国经济出版社，2006.
2. 炎林，李嘉诚．诚信就是资本［M］．哈尔滨：北方文艺出版社，2004.

模块 12
明智的人

这一模块相关联的核心价值观是真理与智慧，这是智力发展的最终目标。热爱真理表现在对知识的不懈追求。而智慧是认识和理解生命最深刻的意义和价值，并将其付诸行动的能力。

这一模块对应的相关价值观是洞察和理解，即能看到事物的内在特征、本质和现实意义，以及深刻理解事物之间相互关系的能力。

【学习目标】

- 感觉洞察力和智慧与自己的生命的关系。
- 思索自己的内在本质和富有意义的经验在生命中的重要性。
- 找出哪些情感是自己希望在生命中更多拥有的，哪些情感是希望在自己的生命中更少出现的。
- 参与思维导图训练，对比积极情绪和消极情绪对自身、对人际关系、对社会和环境的不同影响。
- 设想参与者在未来一年中，使自己在生活中体现积极的品质、情绪或价值观，并选择一些能够帮助他们实现内在的自我的实际行动。

【学习内容】

- 洞察力的意义。
- 大卫·霍金斯（David Hawkins）的意识图。

【学习活动】

1. 导入小故事

一位少年去拜访年长的智者。他问："我如何才能变成一个自己愉快也能够给别人愉快的人呢?"智者笑着望着他说："孩子，你有这样的愿望，已经是很难得了。很多比你年长的人，从他们问的问题本身就可以看出，不管给他们多少解释，都不可能让他们明白真正重要的道理，就只好让他们那样好了。"少年满怀虔诚地听着，脸上没有丝毫得意之色。

智者接着说："我送给你四句话。第一句话是，把自己当成别人。你能说说这句话的含义吗？"少年回答说："是不是说，在我感到忧伤的时候，就把自己当成是别人，这样痛苦就自然减轻了；当我欣喜若狂之时，把自己当成别人，那些狂喜也会变得平谈中和一些？"

智者微微点头，接着说："第二句话，把别人当成自己。少年沉思一会儿，说："这样就可以真正同情别人的不幸，理解别人的需求，而且在别人需要的时候给予恰当的帮助？"

智者两眼发光，继续说道："第三句话，把别人当成别人。"少年说："这句话的意思是不是说，要充分地尊重每个人的独立性，任何情形下都不可侵犯他人的核心领地？"

智者哈哈大笑："很好，很好，孺子可教也。第四句话是，把自己当成自己。这句话理解起来太难了，留着你以后慢慢品味吧。"少年说："这句话的含义，我一时体会不出。但这四句话之间有许多自相矛盾之处，我怎样才能把它们统一起来呢？"智者说："很简单，用一生的时间和阅历。"

少年沉默了很久，然后叩首告别。后来少年变成了壮年人，又变成了老人。再后来，在他离开这个世界很久以后，人们都还时时提到他的名字。人们都说他是一位智者，因为他是一个愉快的人，而且也给每一个见到过他的人带来了愉快。

2. 请大家思考小故事的寓意。

3. 协调员总结并导入本模块的内容

在今天的世界中，对真理与智慧的追求是一件不寻常的事。智慧这种稀缺的商品在股市上是找不到的，耗尽所有的黄金也买不来它。这个宝物是静悄悄地发展的。你可以和所有身边的人分享它的美好。这一内在的财富能随着年龄的增长而增加，然而它似乎在生活的旅程上是稀少的伴侣。青年人可以通过年龄积累智慧。当我们看到自己内心的真实想法时，我们的智慧、洞察力和理解力也随之增长，我们的理解能力自然就会表露出来。

洞察力被定义为"能看到并能清楚地理解事物的内在本质"。你唯一能够永远拥有的东西就是你自己。你是你自己真实面貌唯一的洞察者。洞察自己是通往幸福的一把最基本的钥匙。

情感层面——评价

4. 引导性沉思

协调员让参与者为进入思考练习做好准备，他说："为探究这一个主题，我将要求你们回想一些问题。请放松、静坐，写出下列问题的答案。"

（1）请你想想哪个人你认为是个有智慧的人，这个人具有什么样的素质？

（2）同这个有智慧的人在一起时你享受到了什么？你有哪些正面的感受？

（3）回想你所喜爱的歌曲或音乐，透过那些语言和音乐反映了何种价值观？请把它写下来。

（4）什么样的景象对你是重要的？回想你所喜爱的情景、景色或塑像，或许你想到某张照片，它们意味着什么价值观，带来什么感受？

（5）回忆你生活中 3 个积极的时刻，当时你是什么感受？当时你表现出了一种什么样的价值观？

（6）现在，用几分钟思考一下在你生活中 6 个重要的价值观，请把它们写下来。

5. 参与者以答卷方式回答上述问题。

在参与者填写答卷时，协调员播放一些轻松音乐，如《春之声圆舞曲》，使参与者有充分的时间与平和的心态来回答上述题目；同时，协调员要观察每个人（或每个小组）完成的情况。

6. 分享交流

协调员要求参与者分成三个小组，用 15 分钟交流一些从本练习中得出的体会和价值观。当大家再次聚集在一起时，协调员要求他们提出自己认为的生活中最重要的 6 个价值观，并写在白板或纸板上。也许一些人先提出他们的 6 个价值观，其他人再补充某些没有提到的价值观。

7. 协调员在大家完成交流之后总结说："你们写下的价值观和积极的素质都是属于你们自己的。"

认知层面——知晓

8. 协调员发给参与者每人一张大卫·霍金斯的意识图

意识水平	生活观	情绪	过程
开明	到达	妙不可言	净化意识
平和	完美	无尚幸福	照亮
高兴	圆满	安详	美化
爱	和蔼	崇敬	展示
原因	有意义	理解	抽象
承受	和谐	原谅	超越
愿望	希望	理想	企图
中立	满意	信任	放松
勇气	可行	承认	授权
自傲的	要求多	轻蔑	膨胀的
生气激怒	反对	憎恨	进攻
渴望	失望	热望	奴役
害怕	惊吓	焦虑	撤退
悲惨的	遗憾	丧气	伤心事
无望	绝望	让位	漠然
邪恶的	过失	责难	罪行
羞愧	痛苦	耻辱	自杀

协调员解释：这图来自大卫·霍金斯博士的工作。他将自己认为高层次的意识放在图的顶部，将那些低层次的意识置于图的底部。值得注意的是在每个层次中的生活观、情绪，以及它们之间相互关联的过程。在图表的中部有一行黑体字，这一层次的意识是勇气。借助勇气，意识层次得以提升，该层次以下与赋权无关，该层次以上都属于赋权。每向上提升一层，你就被赋予了新的力量。

9. 协调员请大家圈出自己生活中想要具有的意识层面。

（1）请在你想要具有的情绪上画圈。

（2）请在那些你不时会经历到的、影响你正常思维和行动的情绪上画个正方形。

概念层面——理解

10. 案例导入

两位钓鱼高手一起到鱼池垂钓。这两人各凭本事一展身手，隔了不多久工夫，都大有收获。忽然间，鱼池附近来了 10 多名游客。看到这两位高手轻轻松松就把鱼钓上来，不免感到几分羡慕，于是都去附近买了一些钓竿来试试自己的运气如何。没想到，这些不擅此道的游客，怎么钓也是毫无成果。

那两位钓鱼高手，个性相当不同。其中一人孤僻而不爱搭理别人，独享垂钓之乐；而另一位高手，却是个热心、豪放、爱交朋友的人。爱交朋友的这位高手，看到游客钓不到鱼，就说："这样吧，我来教你们钓鱼，如果你们学会了我传授的诀窍而钓到一大堆鱼时，每 10 尾就分给我一尾，不满 10 尾就不必给我。"双方一拍即合，很快达成了协议。

教完这一群人，他又到另一群人中，同样传授钓鱼术，要求也依旧。一天下来，这位热心助人的钓鱼高手，把所有时间都用于指导垂钓者，获得的竟是满满一大篓鱼，还认识了一大群新朋友，同时，左一声"老师"、右一声"老师"地被人围着，备受尊崇。

同来的另一位钓鱼高手，却没能享受到这种服务人们的乐趣。当大家圈绕着他的同伴学钓鱼时，那人更显得孤单落寞。闷钓一整天，检视竹篓里的鱼，收获也远没有同伴的多。

11. 协调员总结小故事的启示

合群的人，往往能够热心帮助别人，结果常常是双方受益。不愿给别人提供服务的人，别人也不会给你提供方便。合群的人，既能结交别人，也能被别人所结交。他们乐于与人交往，善解人意，热情友好。因此，不论走到哪里，他们都能建立和谐的人际关系。 做一个合群的人，首先要学会关心别人；其次要学会正确地评价自己；第三要学会一些交际技能；第四要保持人格的完整性；第五要学会和别人交换意见。感情是在相互的施与爱中产生的，如果你能主动伸出善意的手，它马上会被无数同样善意的手握住。

12. 协调员介绍"绘制思维导图"的活动：引导参与者运用思维导图，比较不同的人生态度和价值取向，以做出智慧的选择

（1）什么是思维导图？

思维导图是充分利用左右大脑的一种有力的可视技术，它借助文字、图像、数字、逻辑、旋律、颜色、想象和空间意识来表达思想。它可用于许多不同的用途，如：说明故事梗概、计划商谈、描述组织功能细节或就一个主题创造并发展一个想法。这是一个比较价值观和抵御价值观的极好方法。

（2）怎样绘制思维导图？

拿出一张长方形纸并水平放置，或使用教室的白板。首先，在中心画出表现主题的中央图像，即你正在思考和书写的题目或一个开发中的概念（也可以先空着以后再填）。主要内容的题目环绕在中央图像的周围，就像书的各个章节标题。采用印刷字体并将其放在相同的长度线上。中央的线可以是弯曲和有机的，就像通往一棵大树主干的树枝一样。然后，开始添加第二层的想法，这些文字或图像与那些引发它们的主要部分相连接。要用比较细

一点儿的线连接。当想法跳出时，添加第三或第四层的数据。你可以尽量多地使用图像。允许你的想法自由地展开，当你思维跳跃时思维图帮你把思维连接起来。增加思维图的维度，在文字和图像周围加框、加深颜色，只要你喜欢，尽管使用不同的颜色和风格，用箭头表示连接。

例如：

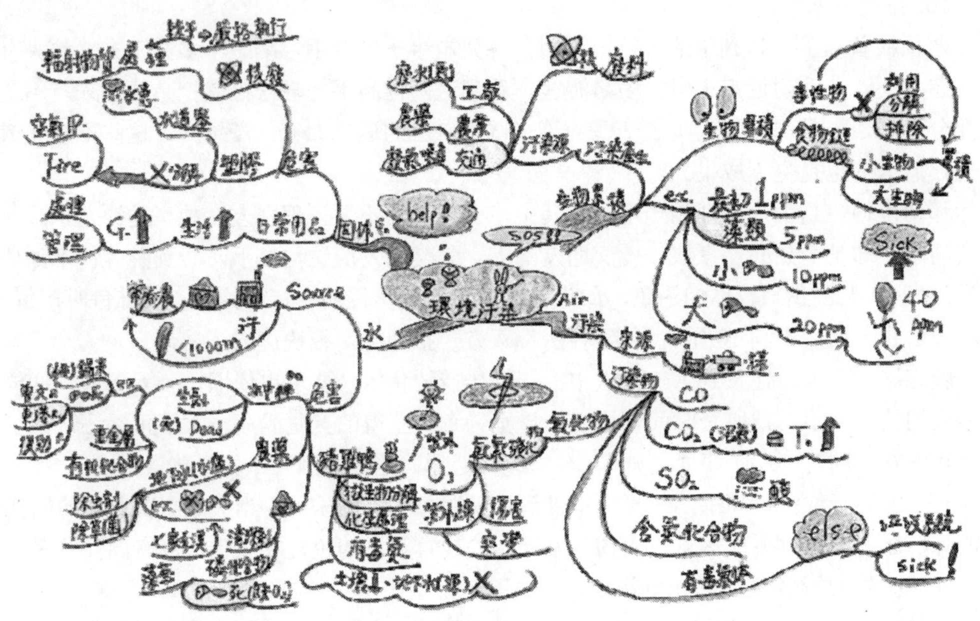

（3）让参与者自己绘制思维导图：

“让我们在脑海里绘制出那些你不希望拥有的情绪，并且和更高一层次的情绪相对照。”（举例来说，抱怨和信任，嘲讽和理解。）

协调员引导参与者回答每组两种相反的情绪所可能带来的不同后果，以及这些后果对自身、人际关系、社会和环境的影响。

活动层面——行动

13. 故事导入：

心态决定命运

一个女儿对她的父亲抱怨，说她觉得非常痛苦、无助，她是多么想要健康地走下去，但是她已失去方向，整个人惶惶然，只想放弃。父亲二话不说，拉起心爱的女儿走向厨房。他烧了三锅水，当水开了之后，他在第一个锅里放进萝卜，第二个锅里放进鸡蛋，第三个锅中则放进了咖啡。

女儿谦虚恭敬地问：“爸，这是什么意思？”

父亲解释：这三样东西面对相同的环境，也就是滚烫的水，反应却各不相同。“你呢？我的女儿，你是什么？”父亲慈爱地问虽已长大成人却一时失去勇气的女儿：“当逆境来到你的门前，你做何反应呢？你是一个看似外表坚强，但在痛苦与逆境到来时却变得软弱、失去力量的萝卜呢？还是一个蛋，原本是一个有弹性、有潜力的灵魂，但在经历死亡、分离、困境之后，变得僵硬顽强？或者你是咖啡？将那带来痛苦的沸水改变了，当水的温度升高到 100℃时，水变成了美味的咖啡。

“如果你像咖啡，当逆境到来、一切不如意时，你就会变得更好， 而且将外在的一切转变得更加令人欢喜，懂吗？不要让逆境摧折你，你要改变心境，心态决定命运。”

14. 引导性沉思

（1）协调员向参与者介绍一种调整心态的方法——有为地冥想。

冥想基本上说是一种特殊的意识状态。当我们把注意力全部集中在某一件事情上时，这种意识状态便会出现。当我们聚精会神于一个想法、一个地点或者一种情绪时，我们会逐渐与外界环境失去联系……，进入一种恍惚状态（我们每天要经过上千次恍惚状态）。如果你想以一种稳定的直接的方式利用这上千次的恍惚状态，你应该从日常的、繁忙的事务中抽出一段时间，认真严肃地、有意识地“冥想”。想想你想得到的东西和你想要的生活方式，想想你想要一种什么样的人际关系，然后好好坐下，深呼吸，从 100 数到 1，同时，专心于数字和你的呼吸……，马上你就能意识到你在冥想。你将对生活中正在发生的事和没有发生的事产生想法。当你有意识地冥想时，你便选定了将要实现的目标。而这种“选择”将会在你的四周开辟出一片移动的能量场，……这种能量能使你处在一种美妙的自信状态，并表现为行动和现实化。

（2）协调员引导参与者进行“冥想”：播放轻松的音乐，如舒曼的《梦幻曲》， 并缓缓地读下列的注释。

“现在我要你设想自己处于未来……，让自己放松……平静呼吸……，让任何紧张消失……平静呼吸……让所有的紧张离开你的脚底……放松你的整个身体……你的足趾……脚……腿部……让你的腹部放松……你的背部……你的肩……脖子……脸部……深深地吸入而且让你自己发光…… 现在想象你明年的这一天的生活……设想早晨起床、准备你的新的一天……想到你希望实现的素质或价值观……也许和平……爱……信赖或平静的喜悦……是什么帮助你在早晨找到自己真实的内心想法?……让你自己充满自己希望的某个素质或价值观……想象你自己为那天做好了准备……现在想象你正在经历着这样的一天……在每一个你想象的场景中，使你自己充满积极的素质或价值观……（1 分钟的停顿）也许在这一场景中有你的同事……（30 秒的停顿）家庭……和朋友。他们对你的素质如何反应?……在你的交往中发生了什么?……如果你用了比较低层次的情绪会有什么不同?……如果你忘记运用价值观或滑进一种在你的生活中非常不愿意遇到的情绪时，要耐心地对待自己……接受你自己……理解你自己……当你发现自己犯错误时，你对自己的洞察力就会因此增加……当你能够温和对待自己并再次对自己作出承诺时……你的智慧就会因此而增加……想想哪两个价值观对你是最重要的……有了这些价值观，世界将成为一个更美好的地方……想象这些价值观随着年龄的增长变得越来越强壮……你内心将会感觉如何?……当你在生活中使用这些价值观时，现实将会发生什么样的转变?……当你有勇气使用你的内在的宝物时，你的人际关系会发生什么样的转变?……现在想想日常生活中做的一件什么小事就可以帮助提升你的价值观，让你的智慧得到发展……或让你能够与自己的真实想法保持一致……想想你自己每天都在做那件小事……现在慢慢地把你的注意力带回到这个房间中来，谢谢。”

15. 分享交流

协调员将参与者召集在一起并分为三个小组，分享他们进行“冥想”时的体验，包括分享某项可以帮助他们继续发展的价值观、洞察力或智慧的行动，以引导参与者憧憬美好的生活景象，明确人生的理想目标。

16. 协调员要求参与者站成一个圆圈，每个人说一个词，这个词是他们每天都想要在生活中体验的价值观。

【所需材料】

- 轻松的音乐。
- 为每个参与者准备的笔和纸。
- 白板、大字报纸和彩色标记笔。

【评价方式】

1. 作业：撰写一篇小文章，谈谈如何树立积极的人生态度。

2. 在接下来的课中，协调员问参与者，他们是如何采取积极的实际行动，将对他们的重要的价值观更多地带进他们的日常生活之中的。

【参考文献】

东尼·博赞（Tony Buzun）. 思维导图. 叶刚，译. 北京：中信出版社，2009.

菲力普. C. 麦格劳. 重塑自我——由内而外创建自己的新生活. 芦苇，译. 北京：中国发展出版社，2002.

核心价值观三　爱与同情

模块 13
相信你自己

这一模块相关联的核心价值观是爱与同情。爱是全人类应有的美德，它包括对自己的爱也包括对他人的爱。爱追求的是对他人行善而不期望回报；同情是对别人的需要和困难表示关心，并积极寻求办法改善他们的境况。

这一模块对应的相关价值观是自尊与自立。即认可自己是工作场所中最有价值的资源，并且相信自己有能力应对生活中的各种需求和挑战。

【学习目标】

- 认识自身是工作场所中一种重要的资源，认识建立一个人的自尊和自立的实际需要。
- 提升个人建立自尊自立的责任感。
- 确定建立个人自尊自立的障碍。
- 作为自尊自立的基础，肯定个人的优点。

【学习内容】

- 定义自尊和自立。
- 促进和阻碍发展自尊自立的因素。

【学习活动】

认知层面——知晓

1. 案例导入：

勇于承担责任

在火车上，一位孕妇临盆，列车广播通知，紧急寻找妇产科医生。这时，一位妇女站出来，说她是妇产科的。女列车长赶紧将她带进用床单隔开的病房。毛巾、热水、剪刀、钳子，什么都到位了，只等最关键时刻的到来。产妇由于难产而非常痛苦地尖叫着。那位妇产科的女子非常着急，将列车长拉到产房外，说明产妇的紧急情况，并告诉列车长她其实只是妇产科的护士，并且由于一次医疗事故已被医院开除。今天这个产妇情况不好，人命关天，她自知没有能力处理，建议立即送往医院抢救。

列车行驶在京广线上，距最近的一站还要行驶一个多小时。列车长郑重地对她说："你虽然只是护士，但在这趟列车上，你就是医生。你就是专家，我们相信你。"

车长的话感动了护士，她准备了一下，走进产房前又问："如果万不得已，是保小孩还是大人？"

"我们相信你。"

护士明白了，她坚定地走进产房。列车长轻轻地安慰产妇，说现在正由一名专家在给她手术，请产妇安静下来好好配合。出乎意料，那名护士单独完成了她有生以来最为成功的手术，婴儿的啼声宣告了母子平安。

那对母子是幸福的，因为遇到了热心人。但那位护士更是幸福的，她不仅挽救了两个生命，而且找回了自信与尊严。因为责任，因为信任，她由一个不合格的护士成为了一名优秀的医生。

2. 课堂讨论：小故事的启示。

3. 协调员总结：

（1）自我是工作场所中最重要的资源，社会要求我们树立自尊自立的责任感和价值观。

（2）通过对社会的贡献，赢得社会的尊重，也是个人建立自尊自立的实际需要。

4. 协调员阐述：对于未来工人建立自尊自立价值观的必要性。

（1）这是一个令人鼓舞和振奋的年代

市场经济体制的建立，给人们自主择业、自谋发展、自我实现搭建了新的平台；依法治国方略的实施，引导人们不断增强着主体意识、民主思想、法制观念；我们面临着大好的机遇，我们迎接着全新的挑战。

（2）这是一个忙碌和竞争的年代

紧张、压力、恐惧、郁闷、焦虑和绝望的情绪有时会给我们强烈的冲击，使我们丧失幸福的感觉、积极的心态和美好的憧憬……

（3）这是一个渴望成功的年代

但对成功的把握，很多时候却被打上金钱、地位、名望、权力、豪宅、名车等物化的标签，而令普通平凡的人在汗颜中品味到失败的滋味，陷入自我贬低的状态，迷失人生的方向。

（4）这是一个追求智慧的年代

需要我们寻求一种对成功和失败的全新观念，需要我们对自我价值有更积极的、同时也是更客观的判断标准，需要我们在充满爱和同情的智慧中，树立自尊，增强自信，建立和谐生活，笑对美好人生。

5. 共同讨论：自尊自立价值观的定义和区别。

6. 协调员总结

（1）自尊自立的涵义：认可自己是工作场所中最有价值的资源，相信自己有能力应对生活中的各种需求和挑战。

（2）自尊自立的区别

自尊：指人们所具有的正面的、优势的品格和积极的人生理念——自信、自爱、自强、自主、自律。

自立：指能够帮助人们顺利渡过难关和应对挑战的技能和天赋。

概念层面——理解

7. 案例导入：

传统的印度寓言

一只老鼠由于惧怕猫而终日忧愁。一个巫师很怜悯它，就把它变成了一只猫。但变为猫的老鼠又变得惧怕狗，于是巫师又把它变成了一条狗。这只变为狗的老鼠又惧怕起了黑豹，于是巫师又把它变成了一只黑豹。自此它又对猎兽充满了惧怕。最终巫师只得放弃了，把它重新变回了老鼠，说："我无能为力再帮你了，因为你具有一颗老鼠的心。

8. 课堂讨论：小故事的寓意。

9. 协调员总结并将此寓言与下面这一观点联系起来：在自尊自立建立的过程中，我们自身是我们最可怕的敌人。如果一个人没有自尊、自立的意识，就永远也无法实现任何可能性。

情感层面——评价

10. 引导性沉思：

让我们保持我们身心的平静开始沉思……感觉你吸入和呼出的空气……吸气……呼气……让有节奏的呼吸使你全面放松……让你的任何忧愁和关注现在都走开……只是体验这里，这一刻……请在你心中为自己画像并捕捉你对自己的感觉……是你喜欢看到的自我吗？你看到的自我使你快乐吗？……是什么引导我以这种方式看我自己？是什么感化我以这种方式感觉我自己？……那些深刻影响你改变你对自己看法的人是谁？他们对你最重要的正面影响和负面影响各是什么？……回忆那些塑造了你的事例，这些正面和负面的事例给你今天的人性发展带来了什么？……

11. 课堂交流：分享自己的经历和认识。

12. 协调员运用思维导图总结

（1）促进自尊自立价值观建立的积极因素

外部：正确的价值导向；有效的制度保障；良好的物质条件；和谐的社会环境；

内部：自尊；自立；自强；自爱；自律；

（2）影响自尊自立价值观建立的障碍因素

外部：不良家庭；社会偏见；专制统治；

内部：自卑心理；从众心理；恐惧心理；依赖心理；求全心理

13. 协调员请参与者一同朗读下面一段话

凡是对感觉和思考自我有帮助的人和事，我予以认可和感谢他们——你们都是现在的我的一部分；但如果你们曾有过什么负面的东西给我，我宽恕你们——因为宽恕会使我自身得到解脱和自由。我决定继续前进……

活动层面——行动

14. 案例导入

求人不如求己

某人在屋檐下躲雨，看见观音正撑伞走过。这人说："观音菩萨，普度一下众生吧，带我一段如何？"观音说："我在雨里你在檐下，而檐下无雨，你不需要我度。"这人立刻跳出檐下，站在雨中："现在我也在雨中了，该度我了吧？"观音说："你在雨中，我也在雨中，我不被淋，因为有伞，你被雨淋，因为无伞。所以不是我度自己，而是伞度我。你要想度，不必找我，请自找伞去。"说完便走了。

第二天，这人遇到了难事，便去寺庙里求观音。走进庙里，才发现观音的像前也有一个人在拜，那个人长得和观音一模一样，丝毫不差。

这人问："你是观音吗？"

那人答道："我正是观音。"

这人又问："那你为何还拜自己？"

观音笑道："我也遇到了难事，但我知道求人不如求己。"

15. 协调员引导参与者讨论并总结小故事的启示：《国际歌》中有一句歌词："从来就没有什么救世主，也不靠神仙皇帝，要创造人类的幸福，全靠我们自己。"只要拥有遇事求己的那份坚强和自信，人人都能成为自己的观音。

16. 填写活动表：《自尊和自立》。

自尊	自立
我所拥有的优势品格	我所拥有的技能与天赋

17. 协调员收集参与者的部分表格，鼓励他们拥有的优点与天赋，阐述他们取得的这些进步是来之不易的，并和参与者共同回顾取得这些进步的历程，以提升参与者的自信心、自豪感和责任感。

18. 课堂讨论：如何塑造自尊自立新形象。

19. 协调员总结

（1）培养自信风度

身体健康，精神饱满；衣着整齐，干净卫生；自然大方，不卑不亢；态度平和，目光稳定。

（2）重塑我们的思维

关于失败，你需要知道的 8 件事情：

① 失败并不等于失败者。一个人可以失败很多次，但是远远不能称其为“失败者”。

② 失败并不像你想的那样不光彩。犯错误只能证明：你是人类。

③ 失败绝不是你生命之书的最后一章，除非你就此放弃、离场。

④ 一个人敢冒危险去成就一项真正有价值的工作，其失败绝不是不光彩的。

⑤ 失败是成功的自然预备。事实上成功比失败难保持得多。

⑥ 每次失败都会带来更美妙的可能性。分析失败，你将发现成功的种子。

⑦ 失败既可以是福音也可以是诅咒，这完全取决于个人对它的反应。

⑧ 失败是机会，它能教会我们下次如何做得更好——教会我们知道陷阱在哪儿。

了解不会导致问题的 11 种观念：

① 我不是每时每刻都需要别人认可的。即使有人不喜欢我，我仍然是个不错的人。

② 犯点错儿没关系——我不但会接受自己犯的错儿，也会接受别人犯的错儿。

③ 别人挺好，我也挺好——我们都应该得到最基本的尊重和合理的待遇。

④ 我不用掌握这些——即使我不能让事情符合我的意愿，我也没理由不开心。

⑤ 我对自己的生活负责——我才是控制我自己生活的人。

⑥ 就算事态不利，我也能处理得了——天不会塌下来，事情也不会变得多糟。

⑦ 尝试很重要——我行。我不一定做好每一件事，但我总能做好其中若干件事。

⑧ 我有能力——我不需要别人来承担我的麻烦。我自己有能力解决。

⑨ 我能改变——认为自己无法改变是很傻的，我当然能。

⑩ 别人也很有能力——对别人我可以给予一些帮助，但我不能一切都替他们做了。

⑪ 我可以灵活些——做事情不只有一个方法。每个人都会有有价值的想法。

20. 互动交流：我的座右铭。

21. 协调员请全体参与者共同朗读下面这段话：

从现在开始，我将提升自我定位的责任感——没有人能够使我轻视自己，除非我允许他人这么做。如何思考和感觉自我由我来决定——从现在开始，我将相信我自己；我将坚信我是有能力的，是受人喜爱的；因此，我具有构建一个不一样的身边环境的权利。我不惧怕前进道路上的所有挑战，因为我可以依靠自己。我是自己最好的朋友。

【课后作业】

1. 搜集关于“自尊自立”的小故事并写出自己的感悟。
2. 坚持写日记，观察自己是如何克服困难、增强自信的。

【参考文献】

菲力普. C. 麦格劳．重塑自我——由内而外创建自己的新生活［M］. 芦苇译．北京：中国发展出版社，2002．

宿春礼，王彦明．人一生要懂的 100 个哲理［M］．北京：光明日报出版社，2005．

模块 14

我分享因为我关心

这一模块相关联的核心价值观是爱与同情。爱是全人类应有的美德，它包括对自己的爱也包括对其他人的爱。爱追求的是给予恩惠而并不期望回报。同情是对他人的需要和境遇保持关心，并积极采取办法帮助其改善状况。

这一模块对应的相关价值观是同情、关心和分享，它提供一种参与他人思想和感受的能力，包括设身处地为他人着想和充分的沟通理解与深切的关怀。

【学习目标】

- 开发对他人需求的敏感性。
- 认识在发展合作和共同生产中的分享价值。
- 明确在工作场所实践同情与分享的具体途径。

【学习内容】

- 同情的意义。
- 同情、关心和分享之间的关系。

【学习活动】

情感层面——评价

1. 协调员拿出 3 幅人物照片，分别强烈表达了高兴、痛苦和失望三种情感。协调员可以选择油画、照片、杂志、图片等。

2. 协调员要求参与者仔细观察这些照片，注意人物面部表情、身体特征，他们的举止态度及其背景。

3. 鼓励参与者选出一张照片再看一眼，同时想象一下照片中的人是谁?

4. 协调员请参与者回答下列问题：

（1）描述照片中人物的情感、态度。

（2）你感觉到这个人物的状态如何?

（3）你又处于一种什么情景下?

（4）你想到什么？忧虑什么？为什么而惧怕？

5. 协调员鼓励志愿者与大家分享自己的想法和感受。

需要的材料：（从网上下载相关图片）

（1）高兴

万民同仰望　神州抒豪情

神舟六号载人飞船 2005 年 10 月 12 日成功发射升空后，从繁华都市到边远乡村，从北域草原到西部边疆，从高等院校到中小学校园，全国各地干部群众都沉浸在喜悦和兴奋中。他们表示，这次神舟六号发射成功，标志着我国科技水平再上新台阶，我国的航空航天事业大有作为。

（2）痛苦

埃及沉船近千人遇难失踪

当地时间 2006 年 2 月 2 日晚（北京时间 2 月 3 日晨），载有 1400 多名乘客和船员的埃及大型客轮“萨拉姆 98”号在红海水域沉没，重演“泰坦尼克号”沉船悲剧。截至当地时间 4 日上午，船上获救人员已经增至 448 人。除了已经打捞上来的 190 具遇难者遗体外，目前仍有数百人失踪。

认知层面——知晓

案例阅读、讨论、分析。

教师可自己找出有关同情、关爱的案例发给学生；或让学生自己举出生活中有关同情、关爱的实例。

学生讨论、回答。

6. 协调员与大家讨论下列关键点：

- 同情涉及一种分享他人感受和所影响的能力，一种理解他人感受的识别力、洞察力。
- 它还涉及交流方面，个人感受的能力和通过语言或非语言方式理解他人的能力。
- 同情是建立在自我意识的基础上：我们自己的情感越外向，我们读懂别人情感的技能越强。当人们对自己的感受都很模糊时，他们将更难以识别他人的感受。
- 同情导致关心和分享，感受他人就是关心。那些关注发展分享能力的人，他们也会同样得到别人给予的回报。
- 那些采取关心行为的人在工作中更倾向于合作。也就有更强的生产力。
- 我们可以通过友好行动，尊重公平，乐于助人和同情来表达我们的关心。
- 一个关心别人的人，他自己做出的决定、言语和行动往往对别人更具有影响力。
- 分享可采取的方式有：分享才能、分享时间和分享物质资源。

概念层面——理解

7. 协调员为参与者角色扮演活动做准备：现场采访。

8. 参与者分为两个小组。一个扮演采访者或电视主持人，另一个扮演被采访者或嘉宾，往往是一个处于困境的人，如一个走投无路的失业者，或一个沉浸于对失恋回忆中的人。

9. 进行角色扮演 15～20 分钟之后，协调员通过下列引导问题，帮助参与者梳理他们的体验。

（1）当你扮演这个角色时你的感受如何?

（2）作为采访者，你能够同情那个有着困难经历的人吗?

（3）作为一个有着困难体验的人，你觉得采访者理解了你的感受吗?

活动层面——行动

10. 协调员要求参与者引用工作场所中具体的需要同情关心和分享的情景，并提出可以采取的具体的行动。

11. 参与者可以通过一个未尽的句子表达他们的反应：“我通过分享——表达了我的关心”。

12. 可设计各种场景，让学生学习同情关心和分享。

【课后作业】

要求学生举出具体学习、生活和工作中需要你关心和分享的情景，提出可以采取的具体行动。

模块 15 服务的价值

这一模块相关联的核心价值观是爱与同情。爱是全人类应有的美德，它包括爱自己也包括爱他人。爱追求的是给予而并不期望回报。同情是对他人的需要和境遇保持关心，并积极地想办法帮助其改善状况。

这一模块对应的相关价值观是服务，这一价值描述了利用个人天赋和技能去惠及他人而不仅是惠及自身的动机，特别是促进他人的幸福。

【学习目标】

- 理解和欣赏服务作为人类工作的目的。
- 阐明个人对服务的价值的自身感受。
- 确定一个人在自己工作中完成服务价值的方式。

【学习内容】

服务作为人类工作的一种期望的目的与价值。

【学习活动】

经验与反应：

1. 协调员请参与者完成这一不完整的句子“人类工作的目的是……”。
2. 协调员教参与者将他们的回答写在一张纸上，然后公布在一个白板上。
3. 协调员唤起参与者对其回答的模式和显示的多样性的认识。

认知层面——知晓

4. 案例教学：讲解、讨论、分析。

（教师配乐讲解）

案例导入：

爱的翅膀，定格在蓝天[①]

“快，孩子们藏起来，不要被捉住啊！”，“鸡妈妈”伸展开双臂，尽力护着一群“鸡宝宝”，叫喊着、奔跑着……

30年来，一直教中低年级的殷雪梅，总喜欢领着学生在校园操场上做“老鹰捉小鸡”游戏。一届届学生渐渐长大，他们也从游戏中懂得了什么叫“爱护”。

今年3月的最后一天，52岁的殷雪梅在她班上52位学生面前，又一次张开双臂，只不过这次不再是游戏，因为她面对的不再是“老鹰”，而是一辆疯狂疾驶而来的汽车。

刹那间，她扑腾着“翅膀”，飞落在25米外，“小鸡”没受伤害，“鸡妈妈”却倒在血泊中再没有醒来。

殷雪梅本能地张开双臂，张开她永远的“双翅”，为孩子撑起了一片安全的天空。这一熟悉的动作，定格在蓝天，定格在千万人的脑海深处。

殷雪梅去世后的灵堂里，挂满了同学们亲手折叠的千纸鹤。松柏间无数张卡片里，我们读到了华罗庚实验小学的沈栖桐同学的一段文字：“千纸鹤啊千纸鹤，你可以把我们对殷老师的思念带到天堂里去吗？千纸鹤啊千纸鹤，你可以围着殷老师在天堂里快乐飞翔吗？千纸鹤啊千纸鹤，你可以把殷老师妈妈般的爱传到四方吗？”

“殷老师说话最算数了！”班长尹梓涵回忆道：有次，原先准备的班级游园活动因下雨被取消了，她当即向同学们做出郑重的道歉。后来，她想方设法抽出时间，为大家弥补了一次游园活动。在殷老师看来，做游戏是对学生进行教育的最佳时机，很多问题可以在游戏中发现，在游戏中解决。她经常通过做游戏的方法，让孩子们去寻找别人的优点，发现自己的缺点。

是啊，孩子们都知道，殷老师一直像妈妈一样爱着自己的每个学生。在殷雪梅眼里，从来就没有什么“差学生”、“坏孩子”的概念。她曾经对周卫星老师说：“可以有‘近视眼、远视眼’，我们做老师的，绝对不应该有‘歧视眼’！”

和一般老师有所不同的是，殷老师对差生似乎还有着特别的“偏心眼”。荆菊英老师至今还清楚地记得，每当殷雪梅批改作文，常会一个人悄悄笑出声来，然后情不自禁地朗诵起那些让她开心的句子。荆老师当初很纳闷，怎么别人眼里的“差生”，偏偏上她的作文课，就能写出那些感人至深的“童话”，这究竟是怎样的一股魅力呢？为此她曾专门请教过殷老师，得到的回答是：“哪个孩子都想表现，哪个学生都希望老师赏识；给他舞台他就精彩，给他阳光他就灿烂。”

殷老师总愿意给“特别的孩子”以特别的爱，她因此也常被学生们称为“妈妈老师”。8岁的尤乐，刚进学校时是个一点也不快乐的孩子，她的沉默寡言引起了殷老师的注意，当了解到尤乐6岁时妈妈就因脑溢血去世，就对她添了一分特别的牵挂，指甲长了帮她剪，衣服脏了帮她洗，头发乱了帮她梳……从此，尤乐变得尤其快乐。殷老师去世后，她一个人躲在角落里哭得眼睛又红又肿，抽泣着说：“我的两个妈妈再也回不来了。”

家境贫寒的陆俊，看见其他小朋友五彩缤纷的新衣裳，总是流露出羡慕的眼神。殷老师见了心里酸酸的，从家里找出孩子的新衣服带来送给陆俊。看着小陆俊在同学们面前神气的样子，殷老师笑了，笑得那么开心。

---

① CCTV感动中国2005年度人物候选：殷雪梅。

学生吴振兴被其他教师称为得了“多动症”，这个被同学们呼为“猴王”的学生，成天把身上弄得脏兮兮的。殷老师每天都要把他带到办公室洗好几次脸，还时不时地送些有趣的图书给他，着意培养他阅读的兴趣。当“猴王”有了主动学习的念头，殷老师又经常把他带到自己家里补课。

陆俊的爸爸告诉我们，殷老师为他顽皮的孩子不知操了多少心、补了多少课，“可是殷老师连一挂香蕉、一箱苹果都不肯收……”一些经常得到殷老师“开小灶”的学生家长，见她分文不取，心里非常过意不去。为表达自己的感谢之情，吴振兴的爸爸就曾特地托亲戚给殷老师家捎了些饮料。实在推脱不了，殷老师第二天又买了超出饮料价值的学习用品送给吴振兴。“做事图回报，最可耻了！”殷雪梅这样对爱人说：“师生关系最纯洁了，我怎忍心让它受玷污呢？”

“老师给学生多少爱，学生都会记在心上。”杨艳同学在作文里是这样写的。

而同一办公室的周涛老师最忘不了的一幕是：疲劳的殷老师中午趴在办公桌上午休，一位同学蹑手蹑脚地跑到老师身旁，把自己的衣服盖在老师身上，紧接着，两件、三件、四件……熟睡的老师身上盖满了花花绿绿的小衣服。

5. 协调员介绍 E. F. 舒马赫在自己著作中阐释好工作的标准：

（1）这一工作能够充分利用人的多种精力，通常一个人实际所为是了解他的最重要方法，而不仅仅是看他所具有的或听信他所说的。

（2）每个人诞生在这个世界上，都必须要工作，这不仅是为了自己的生计而是要努力实现完美。

（3）维持一个人的生计，他（她）需要多种多样的物质和服务，这些不能够靠泡沫经济，而要靠实实在在的劳动。

（4）人类工作的三个目的：

首先，提供必要的有用的物质和服务。

其次，使我们每个人都能够充分地施展和发展自己的才华，作为一个好的服务员。

第三，在从事的服务中，与他人合作，把我们自己从天生的朴素的利己主义中解放出来。

概念层面——理解

教师在学生充分讨论的基础上，可补充马克思 17 岁时所作的《青年在选择职业时的考虑》一文，让他们领略伟人的风采。

对于今天的学生来讲，特别应该学习马克思志向高远的精神：“在选择职业时，我们应该遵循的主要指针是人类的幸福和我们自身的完美。不应认为，这两种利益是敌对的，互相冲突的，一种利益必须消灭另一种的；人类的天性本来就是这样的：人们只有为同时代人的完美、为它们的幸福而工作，才能使自己也达到完美。如果一个人只为自己劳动，他也许能够成为著名学者、大哲人、卓越诗人，然而他永远不能够成为完美无疵的伟大人物。”

“如果我们选择了最能为人类福利而劳动的职业，那么，我们就不会被任何重负所压倒，因为这是为全人类所作出的牺牲；那时，我们感到的将不是一点点自私而可怜的欢乐，我们的幸福将属于千百万人。我们的事业并不显赫一时，它将永远存在，而面对我们的骨灰，高尚的人们将洒下热泪！”

6. 协调员将人类工作的目的锁定在“为他人服务”上。将参与者分为两个小组进行讨论，并提问：你同意为他人服务应作为我们工作的一个目的吗?这样一个导向会给我们带来什么利益?

7. 协调员要求两个小组在大组中交流分享他们的讨论结果。

欣赏散文：(配乐朗读)

赞奉献精神

我心中有一尊崇高的塑像，她叫“奉献”。这尊塑像无比纯美，纯美得纤尘不染；所有的自私、贪婪、虚伪、欺骗……都与她无缘。她像土地——敞开胸怀，以甘甜的乳汁哺育着繁衍的人类；她像红烛——为照亮他人，自己宁愿含泪承受生活的熬煎；她像骆驼——背负重荷，在饥渴中日夜与风沙为伴；她像小草——顶开冻土，以漫山遍野的绿色呼唤春天。奉献者的情怀是宽广的，像大海、像蓝天，盛着事业，盛着祖国，盛着人类的明天。

奉献者的品格是质朴的，默默地、无声地像煤一样燃烧自己，献出光和热，却从不高声宣扬，从不夸夸其谈。

奉献者的志趣是高尚的，给他人一颗体贴的心和一腔炽热的爱，却从不索取。

奉献者的历程是艰难的，或是跋涉在茫茫沼泽，或是辗转于幽深的山谷，或是在悬崖峭壁攀援……

翻开共和国辉煌的史册吧，哪一页没浸透着奉献者的心血和汗水，哪一章没留下奉献者人生的诗篇!

从雷锋到焦裕禄，从渺无人烟的核试验基地到冰天雪地的南极考察站……多少无私奉献者在共和国的史册上留下了明珠般的句点，多少赤诚的奉献者连同生命和梦幻都编织着共和国的宏伟蓝图和那壮丽的事业。

哦，每一个奉献者都是一尊崇高的塑像。它以璀璨的火焰昭示人们为了祖国的强盛，去披荆斩棘，去艰苦奋斗，去贡献毕生的心血和才干。

大浪淘沙，贪婪的自私者在历史的长河中销声匿迹，唯有无私的奉献者犹如日月经天，永远光照人间!

情感层面——评价

学生活动——评委打分(请本班学生为评委，为本班其他学生的服务意识打分)

要求：实事求是，公平诚实

服务意识打分表

分值	1	2	3	4	5
服务意识	与我无关	意识薄弱	意识一般	意识较强	我的责任

8. 协调员请参与者准确回答他们对于目前自己“服务他人”的程度的判断打分，打分范围为 1～5，1 代表“与我无关”，5 代表“我的责任”。在考虑服务任务工作的主要目的这一问题时，你将自身置于何处?你对这个打分满意吗?

活动层面——行动

9. 协调员要求参与者继续回答：

（1）如果你不满意给自己打的分，那么你希望达到多少分，为了达到理想的分数，你打算如何去实践?

（2）回答你目前从事的工作的种类，并思考你应如何使其更加具有“为他人服务”的导向。

10. 协调员请几个自愿者与大家交流分享他们的回答。

11. 协调员给予简要的综合，然后以一警句结束这一课，如：“无论你们每个人获得什么样的天赋才华，用它去相互服务吧!”

【课后作业】

如何提高你的服务意识？请用行动证明，并要得到大家的认可。一段时间后要大家重新打分。

【建议读物】

E. F. 舒马赫. Good work!（好好工作）. 伦敦：环球出版社，1980.

模块 16

正确和公正的行为

这一模块相关联的核心价值观是爱与同情。爱是全人类应有的美德，它包括对自己的爱也包括对他人的爱。爱追求的是对他人行善而不期望回报。同情是对别人的需要和痛苦表示关心，并积极寻求办法改善他们的境况。

这一模块对应的相关价值观是伦理和道德意识，即根据正确和公正的原则选择并且行动的秉性。

【学习目标】

- 认识根据正确和公正的原则选择并且行动的秉性。
- 确定引领个体形成这一秉性的性格特征。
- 发展在日常生活中遵守合理伦理道德的一贯性。

【学习内容】

- 道德规范。
- 能够促进个人选择和做正确、公正的事。

【学习活动】

认知层面——知晓

1. 协调员将伦理道德意识比喻成交通信号标志。它决定一个人的转变方向，告诉他行走方向的正确或错误。因此，伦理和道德意识，是未来的工作和公民重要的品质。协调员进一步用自己的趣闻轶事举例说明这个观点。

案例教学：

（1）引入南方都市报刊登的“花都区旗岭市场一小男孩街头被火烧伤无人救助”的文章。引发参加者思考和讨论。

① 协调员将参加者分成学习小组，对所提出事实案例进行思考和讨论。

② 协调员要求各学习小组推选代表将讨论结果与大家交流。

③ 协调员在各组交流的基础上进行提炼总结，并带领参加者回忆：当年鲁迅看到一群中

国人围观日本人欺凌一个中国人却无动于衷的场面后，促使他弃医从文，去挽救一个极度落后、麻木不仁、即将没落的民族的情形。

（2）思考今天，如何使国人的道德、良知与我们的现代化同步？

（3）引入“见义勇为英雄——孟祥斌”事迹。

2007 年 11 月 30 日中午 11 点，驻浙江金华解放军某部的机要科参谋孟祥斌，陪着前来部队探亲的妻子和 3 岁的女儿正漫步在金华市的婺江边，突然听见路人呼喊：有人跳江了。孟祥斌甩掉鞋子从 10 米高的桥上，纵身一跃，跳入冰冷的婺江。他用尽全身力气将轻生女子托出水面，挽救了女子的生命，但是自己体力不支而沉入了水底。驻金华某部军官孟祥斌永远地闭上了双眼，再也看不到昨天才刚来部队探亲的妻子和女儿。

风萧萧，江水寒，壮士一去不复返。同样是生命，同样有亲人，他用一次辉煌的陨落，挽回另外一个生命。别去问值还是不值，生命的价值从来不是用交换体现。他在冰冷的河水中睡去，给我们一个温暖的启示。

深思互动：道德品质与做人、做事之间的联系，彼此的道德评判与抉择。

概念面层——理解

2. 协调员与参与者讨论一些青年人经常面对的问题：抽烟、喝酒和欺骗。协调员提出问题：为什么很多人明明知道这些不正确，但仍然这样做？引起了对这一问题的许多回答（列举吸烟、喝酒、欺骗的危害；是什么力量促使你这样做）。

3. 协调员把这些与道德规范及品格形成联起来。（道德与品格的关系）遵守道德规范，培养良好习惯，坚持正确与公正的行为。

4. 协调员进一步以更多有关道德困境的案例研究来说明这一点，并指出仅有关于什么是正确和公正的知识是远远不够的。还必须具备按照正确的道德标准办事的意识。这样做事于己于人都有益。

互动设计：如果你是老板，你会选择谁？

有这样五种人：

（1）没有什么本事，但很有后台；

（2）其他本事没有，只会为领导写发言稿；

（3）有本事，业务好，又能干，但性格直率，不会绕弯；

（4）业务很一般，但特别会搞关系，很会联系领导，讨领导喜欢；

（5）有一定能力，但很易生是非。

协调员与参与者一起分析总结参与者的选择，并强调引导其积极性的一面，鼓励参与者的创意设想。最后定位：作为企业一员工，该选择怎样的行为，既有利于自己，又有利于企业的发展，社会的文明进步。

情感层面——评价

5. 协调员邀请参与者找出一种他们目前的矛盾情形，即有些事情自己知道什么是正确的、公正的，但往往与自己的愿望和欲望相互冲突，使自己处于思想斗争之中，并共同寻求应对策略。

协调员邀请参与者畅谈自己工作、生活中的困惑。

然后，协调员指导他们写出分别代有双方观点的对话，要把对话写得流畅、自然，好像两个人在随意的交谈一样。协调员导入这一过程，可以首先举出自身的例子，与大家分享，来开展个体的道德对话。

6. 协调员请参与者与一个伙伴分享自己的道德角色对话。

7. 协调员引导参与者思考下列问题：

（1）在你内心斗争的两个力量是什么？

（2）哪一边力量占上风，这说明了什么？

（3）通过对话，你如何评价自己的正直和诚信意识？

（4）哪些因素可以帮助正直和诚信意识的强化？

活动层面——行动

8. 协调员请参与者提出一项富有挑战性的要求：大家都承诺能一直坚持做正确的事。协调员建议参与者在遇到道德两难问题时，按照下列指导行事：

- 哪种选择或决定将会产生最大的益处和最小的伤害？
- 哪种选择或决定会尊重所有权益者的权利，并且会提供公正？
- 哪种选择或决定将促使获得共同的利益，并且帮助大家能充分分享到家庭、社区和社会所共有的资源？
- 哪种选择或决定能够形成和深化那些引导我们做正确、公平之事的伦理和道德意识或品德？
- 我们日常生活中应选择怎样的“爱”和“同情”的态度和行动，怎样持之以恒地做下去？

小组讨论、思考、选择、决策。请写在纸上，各小组推选一名代表发言。

9. 协调员引导参与者从上述活动中检索自己的感受或体会，并要求每个人用简短的一句话概括自己的观点。在此基础上，协调员将大家的观点进行提炼整合，落点在选择公正、正确行为的意义。

进一步提出问题，请大家思考下面真实案例：

（1）30 元“买路钱”卡住“120”急救车，一患者被延误近一个半小时不治身亡。

法制日报哈尔滨 7 日电：4 月 6 日，哈尔滨市机场路高速公路收费站因 30 元收费问题，“扣留”正在执行急救任务的“120”急救车，一名危重病患者因此被延误近一个半小时的救治时间，不治身亡。

（2）的哥因为交班暂停服务被拒载乘客打死。

楚天都市报 2 月 25 日报道：昨日下午 5 时许，出租车司机商建新在汉口火车站附近交班时，由于暂停服务不带客，竟在街头被一帮人殴打致死。

今年 30 岁的商建新是中环出租车公司的白班司机。据夜班司机刘师傅介绍，当时，他正和商建新在汉口火车站附近的贺家墩交班。按照惯例，商建新放上了“暂停服务”的牌子。他们正在说话时，走过来七八名 20 多岁的年轻人，其中两人拉开车门准备上车，商建新上前解释说正在交班，暂时不带客。对方一听，便开始骂骂咧咧，商建新说了句：“你们怎么骂人？”对方一伙人立即围上来，对他俩拳打脚踢，之后拦停另一辆车牌号为鄂 AY31XX 的出租车扬长而去。110 和 120 赶到时，商建新躺在地上已不能动弹，刘师傅身上也多处受伤。

（3）丛飞（原名张丛飞），男，35 岁，党员，深圳市义工联艺术团团长。

他以奉献社会为快乐、以奉献爱心为己任，以最大的努力帮助别人。十多年来，为社会公益演出300多场，义工服务时间3600多小时，无私捐助失学儿童和残疾人达146人，认养孤儿32人，捐助金额超过300万元。先后被授予“中国百名优秀青年志愿者”、“深圳市五星级义工”。

他先后20多次赴贵州、湖南、四川、山东等贫困山区举行慈善义演，走时不但捐光了几万元甚至十几万元的钱物，有时还向随行的朋友借钱捐助，有几次甚至连身上穿的衣服都脱下来捐了。从此他竭尽全力捐助失学孩子，共捐助183名贫困孩子上学。2005年1月，丛飞抱病参加了为东南亚海啸灾区的6场赈灾义演。那时，丛飞已经患上了胃癌，连食物都已经难以下咽了。然而，他还是以顽强的毅力坚持演出，还将用于治病的1.5万元钱捐了出去。2005年度感动中国人物、37岁的深圳爱心大使丛飞因病医治无效，在深圳市人民医院去世，他生前立下遗嘱捐献眼角膜，用最后的爱心之举，留给他人光明。

（4）栾丽君——青岛大学女大学生

身患白血病的栾丽君，在得到社会各界资助并正等待进行手术的时候，突然获悉武汉一名同样患白血病的大学生配型成功，苦于没有资金无法进行手术。于是——栾丽君转捐10万元“救命钱”给宫玉峰。

【所需材料】

- 记录着人类一些正直诚实的名人名言条幅。
- 关于社会现实的视听资料。
- 图标、图表。
- 纸和笔。
- 白板。
- 歌曲。

【评价方式】

1. 如何正确认识社会存在的道德困惑？
2. 选择正确和公正的行为的重要意义。

【建议读物】

1. 卢德斯. R. 奎苏姆宾，卓依·德·利奥. 学会做事——全球化中共同学习与工作的价值观［M］. 余祖光，译. 北京：人民教育出版社，2006.

2. 李开复. 做最好的自己［M］. 北京：人民出版社，2005.

3. 李开复. 与未来同行［M］. 北京：人民出版社，2006.

核心价值观四　创造力

模块 17
构建创新的工作文化

这一模块相关联的核心价值观是创造力，是生发出原创思想和表达能力，以前所未有的方式给我们的实践和现实带来新的创意和新的图景。

这一模块对应的相关价值观是想象、创新和灵活性，也就是要具备形成对目前尚未存在事物的想象能力，并用新的做事方式改变我们对事物的看法和体验。

【学习目标】

- 认识一个组织中革新和创造的重要性。
- 明确创造性革新的基本概念。
- 评价一个人创造性革新的能力。
- 为在不同体系中构建创新文化而做出贡献。

【学习内容】

- 创造和革新：定义、区别和性质。
- 米哈依·斯克赞米哈里（Mihaly Csikszentmihalyi）的“流”的概念。
- 乔丹（A. Jordan）的“CORE”的概念。
- 创新文化：承载着的是什么？

【学习活动】

认识层面——知晓

学生活动——讨论：

（1）你在生活中见到的或听到的创新的实例。

（2）改革开放以来，我国自主创新的具体实例。

① 科技创新：袁隆平的杂交水稻，“神六”飞船的发射。

② 理论创新：建设有中国特色社会主义理论，“三个代表”重要思想。

③ 制度创新：“一国两制”构想，社会主义市场经济的确立。

创新成功地为企业、公司乃至国家的发展作出了贡献，不仅保障了其生存，还促进了其发展并走向卓越。

“神六”图片

学生讨论：请就神舟六号发射成功，谈谈你的认识。

① 自主创新。

② 高素质人才。

案例 1：

当代工人的优秀代表　天津港“蓝领专家”孔祥瑞

一位仅有初中文化程度的码头工人，30 多年拼搏在生产第一线，勤奋学习、不断钻研，取得了 150 多项技术创新成果和发明专利，为企业创造经济效益 8400 万元——他就是被誉为“蓝领专家”的天津港煤码头公司一队队长孔祥瑞。

“可以没文凭，不能没知识!”

今年 51 岁的孔祥瑞是天津港第一代门吊机的司机。他清楚地记得：17 岁那年刚进港时，带他的金贵林师傅就语重心长地对他说：“可别瞧不起工人——工人也不是人人都能当合格，都能干出自身价值的!”

“我师傅就是港里有名的技术革新能手，他技术过硬，以企业为家，大伙儿都特佩服他。”孔祥瑞当时就下定决心：一定要当像师傅那样的好工人!

他的伙伴们向记者介绍说：“老孔特别勤奋好学，遇到难题不研究出个究竟来，连饭都吃不香!”老孔则说：“我钻研技术纯粹是被工作中遇到的难题‘逼’出来的。”20 世纪 80 年代，天津港货物吞吐量急剧增加，设备能力跟不上，压船是常事，最多时竟压 100 多条船。门机队是全港的“主角”，工人们最怕门机出毛病。一次正在赶装一条大船的节骨眼上，一台门机出了故障。他们赶紧找专业维修工到现场抢修，当时通信、交通都不便，前后整整折腾了 8 个小时，才排除了故障。孔祥瑞回忆说：“当时我们大家眼都蓝了，跳海的心都有!”这件事对他触动很大，下决心啃下“门机维修技术”这块硬骨头。从那时起，只有初中文化程度的他开始如饥似渴地钻研技术，把全队所有门机的工作原理、基本性能和技术参数都背下来，做到烂熟于心。每次专业维修工到来后，孔祥瑞都缠着问这问那。维修工烦了：“你要是能都学会了，还要我们干嘛!”孔祥瑞乐了，心里说：“我的目的就是永远不用请你们。”

孔祥瑞钻技术有个“秘诀”：每天做设备运行状况记录，把当班时出现的设备故障和维修过程详细记录下来——这个习惯一直保持到现在。他说：“这就像医生查房，对患者病情随时掌握一样。”就这样，经过多年努力，孔祥瑞成为队里第一个操作、维修都过硬的多面手。“不是吹牛——我敢说世界上所有的门机如今到我手里都能像只听话的小绵羊!”面对记者，孔祥瑞黑红的脸庞洋溢着自豪。

1995 年，孔祥瑞担任了天津港六公司固机队的队长，掌管着装卸生产的核心力量——18

台大吨位门机。8 月的一天，调度室传来一个令人振奋的消息，两周后，将有一条公司成立以来最大的散货船进行“抢水”。“抢水”是大吨位货船在航道水深不够的情况下，趁涨潮时进港卸货，以减少船舶吃水，在退潮前回到锚地，以避免搁浅。可以说，“抢水”就是抢时间。正在这时，12 号门机转柱回转大轴承下支撑面出现一条长约 1.5 米的裂缝，如不立即修好，肯定影响如期装卸。而修复门机的前提是将重 168 吨的门机上盘抬起，按理说，干这活儿只能租用海吊，可海吊需要提前两个月预订，根本来不及。怎么办？孔祥瑞召集伙伴开“诸葛亮”会，一起寻找破解方案。最后，他们终于想出了办法：用 10 个承压 30 吨的千斤顶顶起门机上盘。这个办法后来成为一项技术革新成果的雏形——焊接在大法兰盘下的新型顶升支座技术。他们把支座作为每个千斤顶的下支点，一边松法兰盘螺丝一边顶升，最终将门机底盘成功顶起。门机修复了，前后仅用了 9 个小时。

“可以没文凭，不能没知识。”这是孔祥瑞最常说的一句话，也是他对自己成长历程的总结。

“新时期要用聪明才智来体现工人阶级的力量！”

“我不是发明家，就是一名普通的工人。”孔祥瑞对记者反复强调。

《咱们工人有力量》是孔祥瑞最爱唱的一首歌，他说：“掌握了科学技术知识的工人会更有力量！”

2001 年，天津港向亿吨吞吐量大港冲击。作为当时全港最大的装卸公司，孔祥瑞所在的六公司承担的作业量达 2500 万吨以上。设备还是这些设备，人还是这些人，可任务增加了近 30%，怎样才能让门机再“加把油”而又保证安全？那些日子里，他天天围着门机琢磨。同事都说：“孔队长，你和门机打了几十年交道，还有嘛可看的？”的确，对这些老伙伴，孔祥瑞闭着眼睛都摸不错，可现在他希望自己对它仍有不了解的地方——这就是它的工作潜力究竟有多大？有一天，他干脆爬上船，近距离观察门机抓斗的动作。这一来他又有了新发现：门机抓斗放料时，起升动作之间有一个短暂的停滞。他用秒表一掐——16 秒左右！如果这 16 秒钟利用起来……孔祥瑞的思路豁然开朗。

为了摸清抓斗操控线路，孔祥瑞在门机机房里一呆就是一整天；为了绘制一幅合理的结构图纸，他夜里在灯下埋头就是一夜。为获得最新门机生产资料，他不辞辛苦拜访各个门机生产厂家的专家骨干。他发现改变门机动作要从改造门机的“大脑”——主令控制器入手。凭着对门机的熟悉，他将门机动作控制系统“解剖”，把抓斗起升、闭合控制点合二为一，并将主令控制器手柄移动轨迹由“十”字型优化为“星”型，用一个指令同时完成抓斗起升、闭合的操作。“门机主令控制器星型操作法”在全队推广后，门机每完成一次作业可节省时间 15.8 秒，平均每天多装卸货物 480 吨，当年就为公司创效益 1600 万元。这项技术创新方案 2002 年被天津市总工会以孔祥瑞的名字命名，成为天津市职工十大优秀操作法之一。

“工人要有主人翁精神，都得对企业负责。”这是孔祥瑞的信条。2003 年，他到煤码头公司任操作一队队长。上任第一天，公司经理指着长龙一样的进口自动化联动传输设备问他：“你知道这套设备多少钱吗？”孔祥瑞摇摇头。经理伸手一比划，说：“八亿人民币，交给你用了！记住：维护好了，它干活是个巨人；维护不好，一根电线断了都比死人还难弄。”

令他更吃惊的是：这套传输设备随便哪个零件都值钱得吓人，换个部件动不动就得几十万。“这么贵重的家底，我孔祥瑞不敢掉以轻心，可也不信邪！”于是，他用了一年的时间，熟悉这套设备，然后着手制定了保养标准和规定，建立了《专人专机保养制度》和《安全生产十必须》。与此同时，他还带领伙伴们对洋设备不尽人意的地方进行技改技革，而且大胆地提出了“三必改”：影响生产的必改、存在隐患的必改、不便检查保养的必改。动员全队职工广泛参加技术创新活动，就这样，他们先后发现了火车挂钩、耐磨衬板等方面存在的50多处大小缺陷，然后组织力量进行了革新改造，在生产中收到了比原设计更好的效果。

孔祥瑞说：“作为当代产业工人，不仅要靠汗水来建设国家，更要靠科学技术创造财富。”30多年里，他带领伙伴们总共取得了150多项技术创新成果。正是这些技术创新、改造成果，使天津港煤码头操作一队的机械设备使用率始终保持在85.4%以上，车质完好率达97.8%，设备管理水平在全国港口同行业中处于领先水平。

孔祥瑞自17岁走进港口成为第一代门吊司机起，便与装卸机械结下了不解之缘。他所管理过的机械设备大多是进口的，在实际使用中出现了很多意想不到的问题，有些问题甚至专家学者都感到棘手，但一个个难题却在孔祥瑞的手里奇迹般地解决了。在某些人看来，孔祥瑞几十年来取得的150多项技术创新成果和发明专利，或许没有多么高深的科技含量，但却可以弥补高精尖设备的不完善之处，可以使设备最大限度地发挥作用，从而极大地提高生产效率。孔祥瑞是在生产实践中成长起来的高技能人才，是一名典型的“蓝领专家”，具有敬业与创新的双重特点：他爱岗敬业，具有强烈的主人翁意识；他勤奋学习，努力掌握现代科技知识；他勇于创新，为国家创造了巨大的经济效益和社会效益。孔祥瑞是当代中国产业工人的优秀代表，在他身上体现了中国工人阶级优良传统与时代精神的完美结合，体现了当代中国工人的主流价值取向。

时代需要孔祥瑞这样优秀的产业工人，时代呼唤更多像孔祥瑞这样的“蓝领专家”涌现。

附：孔祥瑞简介

孔祥瑞，男，52岁，中共党员，高级工人技师，现任天津港股份有限公司煤码头分公司操作一队队长兼党支部书记。

先后在天津港一公司、六公司固机队作司机、任队长。

孔祥瑞同志是伴随天津港建设发展而成长起来的新时期知识型产业工人。

1994 年以来，9 次被评为天津市“八五”、“九五”、“十五”立功先进个人；先后荣获 1998 年度天津市劳动模范、2000 年度天津市特等劳动模范、2001 年全国“五一”劳动奖章、2005 年度全国劳动模范、2006 年度全国优秀共产党员等称号。

在港口一线工作 33 年的实践中，他把全部精力倾注在港口建设发展上，放弃了多次学习深造的机会，始终坚持在实践中学习，在实践中提高，潜心钻研，积极进取，学习先进技术，勇于创新实践，由一名技术工人成长为“蓝领专家”。

在天津港冲击亿吨大港的 2001 年，他主持创新“门机主令器星形操作法”，使门机每一次作业可节省时间 15.8 秒，平均每天多干 480 吨，当年创效 1600 万元。这一操作法被市总工会命名为“孔祥瑞操作法”，被授予“天津市职工十大先进操作法”之一，在同行业推广。他主持的“门座式起重机中心集电器”技改项目，被授予 2003 年国家级实用型发明专利。

近年来，他主持开展技术创新项目 50 多项，为企业创效 6200 多万元。作为队长，他以身作则、率先垂范，严格管理、培育人才，他所在的队有多人获得全国技术能手和各级先进称号，带出了一支技能型、知识型高素质的队伍。

案例 2：

奥运会标志建筑——鸟巢

许多看过“鸟巢”设计模型的人这样形容：那是一个用树枝般的钢网把一个可容 10 万人的体育场编织成的一个温馨鸟巢！用来孕育与呵护生命的“巢”，寄托着人类对未来的希望。

整个体育场结构的组件相互支撑，形成网格状的构架，外观看上去就仿若树枝织成的鸟巢，其灰色矿质般的钢网以透明的膜材料覆盖，其中包含着一个土红色的碗状体育场看台。在这里，中国传统文化中镂空的手法、陶瓷的纹路、红色的灿烂与热烈，与现代最先进的钢结构设计完美地相融在一起。

整个建筑通过巨型网状结构联系，内部没有一根立柱，看台是一个完整的没有任何遮挡的碗状造型，如同一个巨大的容器，赋予体育场以不可思议的戏剧性和无与伦比的震撼力。这种均匀而连续的环形也将使观众获得最佳的视野，带动他们的兴奋情绪，并激励运动员向更快、更高、更强冲刺。在这里，人，真正被赋予中心的地位。

更为匠心独具的是，“鸟巢”把整个体育场室外地形微微隆起，将很多附属设施置于地形下面，这样既避免了下挖土方所耗的巨大投资，而隆起的坡地在室外广场的边缘缓缓降落，依势筑成热身场地的 2000 个露天座席，与周围环境有机融合，并再次节省了投资。

评审委员会主席、中国工程院院士关肇邺评价说，这个建筑没有任何多余的处理，一切因其功能而产生形象，建筑形式与结构细部自然统一。

评审委员会和许多其他建筑界专家都认为，“鸟巢”不仅为 2008 年奥运会树立了一座独特的历史性的标志性建筑，而且在世界建筑发展史上也将具有开创性意义，将为 21 世纪的中国和世界建筑发展提供历史见证。

设计并搭建“鸟巢”不易，要让“鸟巢”在未来的日子里充满生机与活力更为不易。据介绍，“鸟巢”设计之初和深化设计的过程中，一直贯穿着节俭办奥运和可持续发展的理念，在满足奥运使用功能的前提下，充分考虑永久设施和临时设施的平衡。按照要求，“鸟巢”共设 10 万个座席，其中 8 万个是永久性的，另外两万个是奥运会期间临时增加的。

在此基础上，设计中将“鸟巢”的功能与周围地区日后定位乃至整个城市的中长远发展规划结合起来考虑。根据已确定的规划方案，“鸟巢”所在的奥林匹克公园中心区赛后将成为一个集体育竞赛、会议展览、文化娱乐、商务和休闲购物于一体的市民公共活动中心。作为北京奥运会主体育场，“鸟巢”将成为北京的标志性建筑之一，在相当长时期内，也将成为参观旅游的热点地区。同时，“鸟巢”在设计建设中，还在场地和空间的多功能上下了很大功夫，以提高场馆利用效率，除能够承担开幕、闭幕和体育比赛外，还将满足健身、商务、展览、演出等多种需求，为成功实施“后奥运开发”奠定坚实基础。

作为北京奥运会主体育场的国家体育场将采用太阳能光伏发电系统。绿色奥运、科技奥运、人文奥运是北京奥运的三大主题，此次尚德太阳能光伏发电系统落户“鸟巢”，将清洁、环保的太阳能发电与国家体育场容为一体，不仅是对北京奥运会三大主题的极好体现，同时对于提倡使用绿色能源、有效控制和减轻北京及周边地区大气污染，倡导绿色环保的生活方式将起到积极的推动作用和良好的示范效应。太阳能光伏发电系统技术目前处于世界先进水平，该太阳能发电系统是由无锡尚德太阳能电力有限公司自主研发并向国家体育场独家提供，安装在国家体育场的 12 个主通道上，总投资 1000 万元人民币，总容量 130 千瓦，对国家体育场电力供应将起到良好的补充。

“鸟巢”是 2008 年北京奥运会主体育场。由 2001 年普利茨克奖获得者赫尔佐格、德梅隆与中国建筑师合作完成的巨型体育场设计，形态如同孕育生命的“巢”，它更像一个摇篮，寄托着人类对未来的希望。设计者们对这个国家体育场没有做任何多余的处理，只是坦率地把结构暴露在外，因而自然形成了建筑的外观。

“鸟巢”以巨大的钢网围合、覆盖着 9.1 万人的体育场；观光楼梯自然地成为结构的延伸；立柱消失了，均匀受力的网如树枝般没有明确的指向，让人感到每一个座位都是平等的，置身其中如同回到森林；把阳光滤成漫射状的充气膜，使体育场告别了日照阴影；整个地形隆起 4 米，内部作附属设施，避免了下挖土方所耗的巨大投资。

鸟巢是一个大跨度的曲线结构，有大量的曲线箱形结构，设计和安装均有很大挑战性，在施工过程中处处离不开科技支持。“鸟巢”采用了当今先进的建筑科技，全部工程共有二三十项技术难题，其中，钢结构是世界上独一无二的。“鸟巢”钢结构总重 4.2 万吨，最大跨度 343 米，而且结构相当复杂，其三维扭曲像麻花一样的加工，在建造后的沉降、变形、吊装等问题均已完满解决。

1. 协调员谈到为了应对外部环境的快速变化，许多组织都在努力引进创造革新，因此，问题的焦点就是要在系统内部和组织成员中构建系统的革新文化。协调员通过举例说明革新成功地为组织做出了贡献，不仅保障了公司的生存，还促进了公司走向卓越。

2. 协调员引发对创造和革新的讨论，解释说，创造的根本是创意，需要冒险进行“破框思维”，从而开拓新的领域。而革新是把创意转化为具体成果的路径，实际上就是创造方法。从结果来看革新是创造的杠杆。协调员介绍博得（Byrd）和布朗（Brown）的公式：

$$革新=创造力\times风险$$

3. 协调员征求参与者的意见，界定革新的实际定义。

4. 协调员增加两个与创造和革新相关的概念。

（1）米哈依 • 斯克赞米哈里写的关于“流”的概念，他认为这是一种高水平的创造状态。当一个人承担一个困难企业活动时，会调动他充分发挥自身的智力和体能，于是便出现了创造。他定义这种最佳体验具有下列特征：

- 玩乐的感觉。
- 受到控制的感觉。
- 注意力高度集中。
- 活动本身所带来的精神享受。
- 失真的时间感。
- 工作挑战与自身技能的较量。

（2）乔丹（1997）在他的名为《啊哈》的代表作中指出，每个人都具有内在创造力，这个内在创造力不是得到激发就是被埋没。乔丹用首字母缩写 CORE 来表示，意思是：

C Curiosity（好奇心）——一种提出问题、展示持久的兴趣。

O Openness（开放）——灵活的思考，对新事物持积极的关注态度。

R Risk（风险）——表现于一种敢于走出自己的舒适区的勇气。

E Energy（能量）——一种工作的动力和渴望，并将热情融入到工作中。

概念面层——理解

举例证明：

许多在历史上留名的人都是以创新取胜。

文学上，李煜把词用来表达个人的情感，苏轼开一代豪放词风，都推动了词内容的丰富，表现范围的扩大，艺术水平的提高，从而使词能够发展成为与诗地位比肩的文学样式，成为中国文学最重要的一部分。

科学上，每一次的技术革新、产业革命都涌现了许多创新者和创新产品，瓦特发明的蒸汽机，将人类历史推动了一大步。爱迪生经过无数次的实验找到了合适的钨丝，发明了电灯，为我们带来光明。贝尔发明了电话，奠定了现代通信时代的到来。

艺术上，徐悲鸿将中国畅通画法与西方绘画方法结合，创造了自己的画风。柳公权从模仿到创新，终于走出自己的路……

但凡有成就的人没有一个拘泥于前人的想法，而是不断实践，不断思考，终于因为创新，将名字镌刻在历史的丰碑上。

学生活动：分三个小组，进行创新练习，并进行竞赛。

题目：请你为“掉渣饼”设计一个具有广阔市场的新创意方案。

方案交流：

评出最成功与最不成功小组，并找出区别。

5. 通过练习，协调员帮助参与者将这些概念变成现实。协调员提出一个挑战性要求，让参与者用新的创意来改善一个虚弱的或行将倒闭的企业。如有可能，参与者可以选择一个真实的急需爬起来的企业。在小组中，参与者进行竞赛， 看谁能提出最多的革新思路。

6. 演练结束、成果提交之后，协调员引导大家讨论得出结论：最成功的小组和最不成功的小组的区别，就在于能否将“流”和“CORE”的概念合理运用。

协调员建议参与者分小组进行活动，协调员将参与者分为 4～5 个小组，每个组结构最好多元化，如：性别、年龄、种族、社会背景，这样可以营造一种紧张而热烈的场面，然后，小组将确定一个项目来进行工作。

情感层面——评价

7. 在充分理解概念的基础上，协调员引导每个人就自身层面对创新层面的理解进行讨论。

（1）在“流”和“CORE”这两个创造和创新概念的不同维度中，你个人的优点和缺点各是什么？在刚才创新练习的基础上进行回答。

（2）影响这些优点和缺点的因素有哪些？重点集中在哪些可能阻碍你实现创新的价值观上。

（3）如何使你自己更加具有创新力？探索出可以使你变得更具有创新力的途径。

8. 协调员引发参与者回答上述问题，并强化一些有关创造革新的重要特征。

活动层面——行动

9. 协调员提出问题：如果今天你有机会在一个组织中创新，你将会怎样做？

10. 利用这一问题利用问题的答案，协调员采用头脑风暴法，请参与者一起讨论有助于构建创新型文化的详细的指导方针。这些指导方针将被综合和再整理，并最终在参与者签名后形成一份承诺，而每个参与者都会得到一个副本，来帮助他们记住这个承诺。

【所需材料】

- 纸和笔。
- 阅读材料和参考资料。

【背景材料】

构建创新型工作文化：

工作中的创造，是一个相对新的概念，尚未得到像大家所熟悉的、它的姐妹概念——革新那样多的关注。随之而来的是，机构一般倾向于关注“革新文化”而并不是“创造文化”。从区别两者的目的出发，可以这样区分：创造是关于思想主意的，往往要通过冒险和破框思维开拓新的思想边界；创新是把这些思想转化为具体成果的途径，从结果来看，创新是创造的杠杆。这两者通常可以互用。但伯德（Byrd）和布朗（Brown）似乎找到了它们的本质，并用下边的公式来表达：

革新＝创造力×冒险

近年来，在全球化和现代技术的驱动下，组织的环境产生了明显的变化。新科学研究的出现，得以细微处描绘这个世界，发现其并非牛顿力学所理解的那种以机械方式高度结构化和有序化的。相反，我们生活在一个复杂的世界里，它是无序的、自组织的，这种情况下不断地适应是关键，而一味平衡只能导致停滞和死亡。创造和混沌理论是协调的概念。我们面临的新的工作世界是复杂无序的，需要个人和组织创造性地解决问题。

个人的角度：

挑战是任务导向的，按照提出的目标完成工作和活动，起点是在个人层面。在我们的生活中，要求个人能够高效率地有效操作。由于我们的成熟，特别是通过工作、关系和生活经验，复杂性加大了。我们需要学习以更加适应一直变化的形势及其挑战。这就需要用创造性思维，在我们生活的各个方面做出高质量的成果。作为个人要更加具有生产力和效用性，同时，还常常需要随机应变地创造性地解决问题。

团队的角度：

在新知识环境中，自我管理和自我组织的团队被广泛认为是一种组织自身的需要。通过知识管理，小组常常成为产生热门新思想的催化剂，并既能引起创造性的创新，也能作用于知识管理。现今有大量的团队形式：行动学慰问团队、质量保障团队、项目管理团队，甚至是虚拟团队。

特滕鲍（Tetenbaum）提出：知识增长、信息分享、创造和创新生长的最好环境是那些可以自由交往的团队。

李维特（Leavitt）和李普曼·布鲁门（Lipman-Blumen）进一步提出：

热情的团队成员感到他们延伸了自我、超越了自我，跨越了他们自身的局限。他们倡导开放、灵活、独立和自治，并将这些作为团队创造性奋斗的必要条件。

组织的角度：

关于构建组织创造力是否值得，存在许多争论。多数人持反对意见，他们认为，创造是属于个人的，最多能渗透到团队工作中。不过阿马比尔（Amabile）是组织中一位有关创造性工程应用和评估的先驱者，她建议组织可以通过实施6项管理实践，加强其创造性：

- 挑战——延伸人。
- 自由——获得自治。
- 资源——专门的时间、专项的经费。
- 工作组织特征——团队设计。
- 监督鼓励——回报和正向反馈。
- 组织支持——种注重创新的文化。

【课后作业】

1. 如果你有机会为班级拟定一份创新型文化的详细方案，你将会怎么设计？
2. 作为一名学生，你能为建设创新型国家做些什么？
3. 请你为建设创新型国家设计几条宣传标语。
4. 请你就如何“加强自主创新，建设创新型学校”向我校有关部门提几条建议。

模块 18
学做创业者

这一模块相关联的核心价值观是创造力，是生发出原创思想和表达的能力，以前所未有的方式给我们的实践和现实带来新的创意和新的图景。

这一模块对应的相关价值观是主动性和创业精神，代表承担风险和探索新机遇的愿望，以及创办并管理一个企业的能力。

【学习目标】

- 将自我创业当做一种替代为他人工作的可行的选择。
- 评估加入创业的能力。
- 开始一个企业的创办策划。

【学习内容】

- 创业企业主应具有的优势。
- 对创业企业主的要求。
- 创办企业的程序和能力。

【学习活动】

认知层面——知晓

1. 案例导入：

管道的故事

很久以前，在意大利的一个小村子里，有两位名叫柏波罗和布鲁诺的年轻人，他们是堂兄弟。两位年轻人是最好的朋友，雄心勃勃，渴望有一天能通过某种方式，成为村里最富有的人。

一天，机会来了。村里决定雇两个人把附近河里的水运到村广场的水缸里去。这份工作交给了柏波罗和布鲁诺，两个人抓起水桶奔向河边。一天结束后，他们把村广场的水缸装满了。村里的长辈把事先说好的、令人满意的工钱付给了他们。

这在当时的确是份好工作，而且收入很高。可是一天柏波罗找到布鲁诺说："我觉得这份工作很好，但是你考虑过没有，当我们老了怎么办？我们病了怎么办？我们干不动了怎么办？我觉得我们应该挖一个管道把水引进村里来。"布鲁诺却不以为然，他认为眼下的收入很好，没有必要再去冒险修管道。柏波罗则坚持说自己要做下去。

很多年以后，管道挖成了。而这时候的布鲁诺，人也老了，背也驼了，水也提不动了。当柏波罗管道里的水源源不断地流入村庄，人们用上更加洁净廉价的水，就没有人再去买布鲁诺的水了，布鲁诺再一次地变成了穷人。

2. 课堂讨论：创业的必要性和可能性。

（1）必要性：

① 是自我实现的需要：生活自主、经济独立；身心自由。

② 是社会发展的要求：满足社会需求；促进社会就业。

（2）可能性：

① 体制改革搭建创业平台——自主择业；政策鼓励。

② 职业教育提供智力支持——技能培训；创业指导。

3. 协调员总结

这个故事给我们的思考是：虽然现在我们拥有一份工作，就像布鲁诺一样。但是我们老了怎么办？病了怎么办？干不动了怎么办？所以，无论今天有多么好，我们都要为未来去做打算。解决问题的最好办法，就是一定要拥有自己的事业，创建一个属于自己事业的管道，而要实现这一理想，就需要有主动性和创业精神。

概念层面——理解

4. 协调员和参与者讨论自我就业和开办自己企业的优点和缺点。协调员在黑板上记录下讨论中所有参与者的反应。

（1）创业的优点：

（2）创业的缺点：

5. 协调员引导参与者思考：企业家必备的素质。

6. 案例导入：《创业英雄》

（1）柳传志（联想集团）

他早年的时候，中国还根本没有企业家的概念。他 40 岁才开始创业，十几年后，柳传志精心打造的联想集团已经成为中国最让人激动不已的品牌。

他给人的第一感受是为人坦诚，胸怀坦荡，气度不凡，但有些急躁。自古以来，这种个性易遭反感或陷害，但是，他的开朗、幽默、善解人意以及非常优秀的语言表达能力，淡化了这种反感和陷害。江苏人平和中庸的个性也多多少少冲淡了他的锐气和锋芒，"阿甘"式的民族良心和非凡的感召力，使他得到众人的拥护。在中国的企业经营史上，柳传志是一个时代的标志。

（2）韩召善（盼盼集团）

他是一个农民的儿子，一个典型的讷于言而敏于行的人。经历普通而平凡，总是沉默着倾听别人海阔天空的闲聊。他的成长过程，既没有强烈的叛逆精神，也没有超凡脱俗的言行。他最大的特点就是沉着坚定，脚踏实地。坚忍不拔的毅力和朴实平民化的领导风格，使他具有非凡的感召力，也使他从一个农民的儿子，到享誉神州大地的门王；从一个 12 人的小作坊，到一个年销售额 18 亿元的庞大集团。韩召善以他超人的智慧，创造了中国门王的神话。

（3）周厚健（海信集团）

大学毕业时，老师曾告诫他，有两件事情毕业之后不要做：第一不要做官；第二不要做人的工作。因为不擅长处理人际关系，脾气大，性子急，每每将不该说的话说了出来，将本来可以讲得很漂亮的话讲得不漂亮了。这就是周厚健，海信的当家人。

他是标准的山东人，具有憨厚朴实，真诚坦率的特点。一般人评价山东人“能成为好官吏，学问也精通，但不太适合经商”，这种评价似乎不适合周厚健，他是非常精明的理财专家，精打细算，量入而出，轻易不会赤字。此外，喜欢调查研究，对于理论性较强的问题比较敏感。一个人即有出色的经营管理能力，也有高超的理论水平，更有爱岗敬业的工作作风，他的成功应该是必然的。

7. 在参与者结合上述案例讨论交流的基础上，协调员展示出企业家所必须具备的基本素质，这包括：

①主动性；②创新；③想象；④自信；⑤承担风险；⑥不屈不挠；⑦授权能力；⑧解决问题的技能；⑨制定计划的技能；⑩领导能力。

情感层面——评价

8. 运用上面提出的创业者必备的素质，协调员邀请参与者估计自己有哪些方面的素质。针对每一个方面，参与者可以按照 1（最低能力）到 7（最高能力）的等级来评价自己。

9. 参与者分为五人小组，分享、交流各自的评分结果。

10. 协调员总结大家在活动中的反思：

（1）你对自己具备的企业家素质评价如何？与其他人相比较结果如何？

（2）你对给自己的评估感觉如何?

（3）在成为企业家的可能性方面你对自己的评估指标说明了什么?

（4）为了成为一个有作为的企业家，你需要计划什么?

11. 协调员反复强调把创业作为一种选择的需求和挑战，同时鼓励参与者有意识地发挥自己的潜能来创办和管理一个企业。

活动层面——行动

12. 协调员指导参与者步入创业程序，这些包括：

（1）策划一个企业——进行市场调查，寻找社会需求与自我技能和特长的结合点。

（2）创办一个企业——确定企业类型，进行资源配置，学习相关法规。

（3）管理和经营企业——技术创新、特色服务、科学决策、注重效益；信用至上。

（4）维持企业——制度建设、文化建设、团队建设，品牌建设。

（5）来自企业的商誉和自我评估——企业的优势、在行业中的地位、事业发展的前景。

13. 协调员组织参与者分成小组，就创办一个企业开展头脑风暴式讨论。

（1）要求每个小组选择一个具体项目，草拟一份创业计划书。

（2）各小组派代表作汇报，全班相互交流；

14. 协调员在此过程中一直审视和评价他们的表现，包括他们在创办企业活动中的态度。

15. 全体参与者相互评价，推选“创业标兵”、“最具潜力的创业者”等。

【所需材料】

- 纸和钢笔。
- 建立一个企业的指导方针。

【参考文献】

何森著. 企业英雄——企业家个性、经历与成功素质分析. 北京：中国经济出版社，2003.
任宪法. 白手创业. 北京：中国经济出版社，2007.

【建议读物】

石滋宜. CEO 智慧［M］. 北京：北京大学出版社，2005.

模块 19
承担责任

这一模块相关联的核心价值观是创造力，是生发出原创思想和表达的能力，以前所未有的方式给我们的实践和现实带来新的创意和新的图景。

这一模块对应的相关价值观是生产力和效用性，这种驱动力可以推动任务的执行和完成，并且根据预期目标、标准和期望，获得高质量的产品与服务。

【学习目标】

- 思考与生产力和效用性相关的自我管理问题。
- 从个人角度和工作层面，领略和实践关于生产力和效用性的价值。
- 思考实现目标、标准和期望的过程成果。

【学习内容】

- 生产力和效用性。

【学习活动】

情感层面——评价

1. 案例思考：

木匠的房子

一个年过半百的木匠想回家安度晚年，就对他的老板说，他年纪大了，该回家休息了。老板尽管舍不得，也没有办法，就说："这样吧，请您无论如何也要再帮我一次，盖完一栋房子再走。"木匠不情愿地答应了。

这时的木匠已经没有心思干活了，他不仅马虎应付，还偷工减料，一心想尽快干完交差了事。房子很快就完工了，这时候，老板把新房的钥匙放在他的手上说："您老人家辛苦了一辈子，这栋房子就算我送给您的退休礼物了。"

木匠惊愕半天说不出话来。他为此懊悔不已，要早知道这是为自己盖的房子……

2. 协调员组织参与者讨论小故事的启示。

3. 协调员总结：

世上没有后悔药，我们不少人就像这个木匠。在现实的工作和生活中，我们总以为是在为别人干活，所以，漫不经心地钉钉子、垒墙、盖房子，当一天和尚撞一天钟。最后，我们吃惊地发现，自己不得不居住在亲手建造的粗制滥造的房子里。

生命的过程其实就是为自己建造人生大厦的工程。我们现在的工作质量决定着明天居住房子的质量，我们如何对待房子，房子也将如何对待我们。

认知层面——知晓

4. 思考与生产力和效用性相关的自我管理问题（用填表方式）

（1）在纸的下方，记录下一个你目前参与的任务、项目或活动，这可能是属于个人的或者是专业的。例如，对一个学生而言，可以是完成一项特定的学校作业。

（2）在纸的右方，列出这项任务、项目或活动的目标、标准和期望。接着上述的例子，学生的目标可能是要在完成这项学校作业后获得一个高分。

（3）在纸的左方，勾画出达到你目标、标准和期望的路径，并在路径上标明你在达到目标、标准和期望时的生产力和效率。生产力是你投入到任务、项目和活动中的精力和动力的总量，用字母 P 来表示。效用性是达到目标、标准和期望的成功率，用字母 E 来表示。这意味着，有时可能出现劳而无功或者相反的情况。例如，一个学生可能作出了很大努力，但他并没有获得完成学校作业所需要的技能或能力。因此，他的生产力 P 高于他的效用性 E。

（4）比较 P 和 E，在纸的中间标明在提高生产力和效率方面存在哪些障碍。在某个学生的案例中，主要的障碍可能是缺乏完成学校作业的综合能力。在其他例子中，能力也许不是问题，而更多的是懒惰这一态度问题。

实现目标的计划	实现目标的障碍	实现目标的期望值
采取的方法： 准备投入的精力： 时间进度上的安排：	能力： 态度： 其他：	分数： 效率： 成功率：
你目前正在完成的一项作业或工作：		

5. 在小组交流中，参与者将共同思考下列问题：

（1）在完成任务的活动中，你观察自己的努力程度和工作效率如何？这一指标是不是代表了你的一般水平？

（2）你的工作态度和效率意识存在哪些问题？如何说明？

（3）你感觉自己目前与工作态度和效率意识有关的行为模式存在问题吗？

（4）为了提高你的工作热情和效率水平，你需要在哪些方面作改进？

概念层面——理解

6. 协调员把参与者上述的思考与观察，和我们实际生活中方方面面遇到的要求高质量高产出的挑战结合起来。因为无论是个体劳动还是作为一个工厂的工人劳动，在实际生活中都被要求具备高生产力和高效率。在职业生活中，这是两个非常重要的价值观。

7. 案例导入：在餐馆吃饭的经历（准备资料）。

思考：

（1）等待很久，点餐仍未被送上，就餐者已没有时间或耐心再等待，退费而去，此时，后厨饭菜却刚刚做好……

（2）就餐时，顾客在饭菜里发现了头发、虫子之类的不卫生质量问题，不仅退餐，而且要求赔偿。结果，经营者面临的是双倍的损失。

（3）服务员工作缺乏热情，或服务态度生硬，或手脚不利索，技术差，甚至操作不规范、不讲卫生，引起顾客的反感。结果导致或争吵、或退餐、或降低上座率等，给企业经营带来不良的后果。

8. 协调员让参与者共同讨论：在高生产力和高效率工作中的投入、产出问题。下面的表格可以写在黑板上，由参与者来填写。

产出与回报	投入与成本

9. 协调员组织参与者讨论如何解决好高质量的问题

（1）案例导入：

一个“最伟大的送信人”的故事

美国作家阿尔伯特·哈伯德写了一部最著名的畅销书叫《把信送给加西亚》，故事梗概是：

1898 年，美国与西班牙之间发生了著名的“美西战争”。美国总统麦金莱急与古巴起义将领加西亚取得联系，需要派一位得力的人将一封重要情报的信件送给加西亚。派谁去好呢？人们选中了一位名叫安德鲁·罗文的中尉。

罗文奉命来到了总统办公室。情报局长给他安排了一项一般人无法接受的任务：把信送给没有确切地点、没有任何联系方式，只知道在崇山峻岭里的加西亚。罗文没有提出任何疑问，也毫无怨言，立即行动，全身心投入到行动中去。他徒步翻越了许多森林、山冈，越过了许多条河流，穿过了波涛汹涌的海峡，躲过了西班牙巡逻艇的搜查，历尽千难万险，终于在古巴向导的引导下找到了加西亚将军，出色地完成了这项任务。这是美国战争史上的一个奇迹。他受到了美国总统麦金莱的高度赞誉，被授予“杰出军人勋章。”

（2）讨论：小故事中的大智慧

（3）协调员总结：

这就是被阿尔伯特·哈伯德誉为“最伟大的送信人”的故事。这个故事所传达的理念的影响力之大是不可想象的，它不局限于个人、企业、机关、国家，而贯穿了整个人类文明。100 多年来，“送信”已经成为一种崇高职业和工作的象征，安德鲁·罗文也成为敬业、服从、忠诚、主动、勤奋和吃苦耐劳的象征，激励千千万万的人服从、忠诚、敬业，主动完成职责。无数的公司、机关、系统都曾人手一册，以期塑造自己团队的灵魂、提高团队的竞争力和战斗力。《把信送给加西亚》也因此而销量超过 8 亿册，成为世界最畅销的书籍之一。

10. 协调员组织参与者讨论如何解决好高效率的问题

（1）李宗盛写的歌《忙与盲》从一个侧面道出了我们的工作和生活状态：

许多的电话在响，许多的事要备忘，许多的门与抽屉，开了又关关了又开如此的慌张。我来来往往，我匆匆忙忙，从一个方向到另一个方向。忙忙忙盲盲盲，盲的已经没有主张，盲的已经失去方向，忙的分不清欢喜和忧伤，忙的没有时间痛哭一场。

（2）协调员组织大家思考：怎样才能忙而有序、具有效率呢？

（3）协调员和大家共同总结提高效率的行动准则

① 优先安排好重要的事情，精于计算、合理计划；

② 避免无谓的争论、无聊的闲谈，远离有趣但意义不大的事情的诱惑；

③ 避开高峰、善于等待、善用工具、请人帮忙；

④ 绿色休闲、保持清洁、当日事当日毕；

……

活动层面——行动

11. 案例导入：

（1）音像资料片《协作奉献造就嫦娥一号》（另备资料）。

（2）小故事：三个和尚没水吃（另备资料）。

12. 协调员组织参与者讨论：案例（1）中的成功经验；案例（2）中的失败教训。

13. 协调员组织参与者以小组为单位，在 15 分钟内完成下列任务。

（1）活动建议：

第一组：完成打扫教室卫生的工作。

第二组：中英双语小品表演（福娃迎奥运——北京欢迎你）。

第三组：表演一出小话剧，内容是全家老少为迎奥运讲文明、树新风。

（2）工作要求：

① 确定任务构成和所包含的活动数量。

② 小组的指导方针。

③ 角色与分工。

④ 合理的时间进度。

⑤ 对成功的评价措施。

（3）在项目完成的过程中，协调员请参与者监察和评估自己的生产力和效用性。

① 大家是作为一个小组工作还是仅靠少数人完成全部工作？
② 在追求目标的过程中，大家是如何面对困难和冲突的？
③ 大家对自己的成果会欢欣鼓舞吗？
④ 大家是如何在做事中体现各自的特点的？
⑤ 什么样的行为和态度可以促进或阻碍生产力和效率的获得？
⑥ 回过头来看，他们是否提高了生产力和效用性？
14. 协调员和参与者讨论：引导团队获得更高生产力和效率的共性特征。
（1）善与沟通；
（2）相互协作；
（3）千方百计地、创造性地完成自己应承担的工作；
（4）注重工作的质量和效率；
……

【参考文献】

宋振杰．自我管理——经理人九大能力训练［M］．北京：北京大学出版社，2006．
宋豫书．绝不平庸［M］．北京：中国经济出版社，2007．
符江．怎么做最优秀的员工［M］．北京：中国经济出版社，2007．

模块 20
界定质量与卓越

这一模块相关联的核心价值观是创造力，是生发出原创思想和表达的能力，以前所未有的方式给我们的实践和现实带来新的创意和新的图景。

这一模块对应的相关价值观是质量意识与时间管理，即在给定的时间框架和卓越标准的条件下，获得成果和完成任务的能力。

【学习目标】

- 研究质量和卓越框架。
- 审视与自身相关的质量和卓越问题。
- 评价质量意识和卓越的价值。
- 提高质量和卓越的标准。

【学习内容】

- 质量意识和卓越的定义、区别和性质。

【学习活动】

认知层面——知晓

1. 协调员与参与者通过头脑风暴式讨论列举出那些可以称为卓越典范的机构名称或近来质量有很大进步的机构名称。

2. 协调员为小组指定一所机构或一种质量发展，请小组成员来确定能使他们有资格同样卓越的特征。

2006 年进入世界 500 强的中国企业排名情况

排名	公司标志	公司名称	主要业务	营业收入亿美元
23	中国石化 SINOPEC	中国石化	炼油	987.84
32	国家电网公司 STATE GRID CORPORATION OF CHINA	国家电网	电力	869.84

（续）

排名	公司标志	公司名称	主要业务	营业收入亿美元
39		中国石油天然气	炼油	835.56
199	中国工商银行 INDUSTRIAL AND COMMERCIAL BANK OF CHINA	中国工商银行	银行	291.67
202	中国移动通信 CHINA MOBILE	中国移动通信	电信	287.77
206		鸿海精密	电子	283.50
217	中国人寿 CHINA LIFE	中国人寿	保险	273.89
255	中国银行 BANK OF CHINA	中国银行	银行	238.60
259	HWL 和記黃埔	和记黄埔	多元化	234.74
266	中国南方电网 CHINA SOUTHERN POWER GRID	中国南方电网	电力	231.05
277	中国建设银行 China Construction Bank	中国建设银行	银行	227.70
279	中国电信 CHINA TELECOM	中国电信	电信	227.35
296	宝钢	宝钢集团	金属	215.01
304	中国中化集团公司 SINOCHEM CORPORATION	中化集团	贸易	210.89
331	國泰金控 Cathay Financial Holdings	国泰金融控股	保险	194.68
377	中国农业银行 AGRICULTURAL BANK OF CHINA	中国农业银行	银行	171.65
441	中铁工程 CREC	中国铁路工程总公司	工程建筑	152.93
454	Quanta Computer	广达电脑	计算机	149.00
463		中粮集团	贸易	146.53
470	第一汽车	一汽集团	汽车	145.10
475	SAIC	上汽集团	汽车	143.65
485	CRCC 中国铁建	中国铁道建筑总公司	工程建筑	141.38
486	中國建築工程總公司 CHINA STATE CONSTRUCTION ENGRG. CORP.	中国建筑工程总公司	工程建筑	141.22

概念层面——理解

3. 讨论中，协调员引用瓦格纳·马什（Wagner-Marsh）和科利（Conley）的研究，这一研究发现组织的共同精神基础就是在于他们分离关于质量和服务的承诺。这不是简单地实现设定的目标，而是卓越地实现目标。

4. 协调员回到参与者先前进行的关于质量与卓越标准的头脑风暴，并通过介绍中国企业卓越的例子对他们的观点加以肯定。这一框架包括以下 12 条企业卓越的准则：

（1）方向：清晰的前进方向使组织结成同盟，并且集中精力实现目标。

（2）计划：互相达成共识，计划将组织方向变为行动。

（3）顾客：明白顾客当前的和未来的价值取向，以影响组织的方向、策略和行动。

（4）过程：改进产出成果，改进体系和其相关联的过程。

（5）人：组织潜力的实现要靠人的热情、才智、谋略和参与。

（6）学习：不断的改进和创新要依靠不间断的继续学习。

（7）系统：所有的人都是在一个系统中工作，只有当人们在这个系统中工作时才会改善成果。

（8）数据：有效利用数据、事实和知识，从而改善决策。

（9）变化：所有体系和过程展示了可变化性，这会影响到预测和执行。

（10）社区：组织通过他们的行动向社区提供价值，以保证一个清洁、安全、公平和繁荣的社会。

（11）权益者：可持续能力决定于那种为权益者创造和传播价值的组织能力。

（12）领导：高层领导成为遵循这些准则典范的不变的角色和创造有利于这些准则生存的支持性环境，是发挥组织真正潜力所必要的。

案例教学：

创新引领“大象”飞奔

——记中国移动通信集团公司总裁王建宙

4 月 6 日，英国《金融时报》“全球最强势 100 品牌”排名发布，“中国移动”以品牌价值 392 亿美元高居第四名，在全球电信品牌中排名第一，这也是中国企业首次进入该项排名的前十位。

多少年来，国人热望国际顶级品牌阵营中能有来自中国的“微软”、“沃尔玛”、“可口可乐”。本以为这需要漫长的守候，因为无论谁去丈量国内企业与国际顶级巨头间的差距，都会感觉到路途的遥远与跨越的艰辛，但就在这种心理定势下，中国移动通信集团公司（以下简称中国移动）却以令人瞠目的速度率先撞线。

在通信业的发展中，中国曾经是一个追随者的角色。企业的成长都有从量变到质变的过程，中国移动这只“大象”却是以“飞奔”，而非“快跑”的速度完成了这个过程。引领“大象”飞奔的引擎，是无处不在的创新。

审时度势　紧握优势夯基础

中国移动成立于 2000 年 4 月。2004 年 11 月，中国电信业三大运营商高层领导换班，原中国联通总裁王建宙调任中国移动总裁。这对于在中国通信业耕耘了几十年的王建宙而言是一次重大考验，因为接手情况不好的企业，只要有改观就是成绩；接手情况好的企业，增长是正常的，不增长就会面临巨大的舆论压力。王建宙恰好接手了正在持续高速发展的中国移动。在他手中，中国移动的增长会从此滑落，还是继续保持？所有人都在关注。

事实上，王建宙抓住了两个因素，并做出了相应调整，适时把中国移动推向了新的高度。一个是企业成长的外部环境。从目前来看，中国作为世界第一移动大国，中国移动产业拥有世界第一用户群体，而且，用户的消费能力不断快速提升。随着中国经济的高速增长，这种移动消费能力的释放必然会带来整个产业的增长。而中国移动作为中国最大的主导移动通信运营商，在这样好的产业发展环境里必然会获得良好的成长空间。另一个更重要因素就是企业发展的内部素质。多年来，中国移动一直努力向现代企业接轨，通过不断转换经营机制和经营观念，以及不断加强网络覆盖，提高网络质量及服务水平等来增强公司的内部素质，为公司的跨越式发展奠定了坚实的基础。

纵观全局　立足创新助飞跃

在充分利用企业自身优势的基础上，王建宙开始了他的创新工程。

（1）技术创新赢得话语权

作为行业的领先者，中国移动在成立之初就专门成立了研究院，从事通信产品和网络技术方面的应用研究和技术支持，建成了全球规模和容量最大的网管系统，世界最大的软交换汇接网，世界上第一个实现多业务统一综合管理的系统。中国移动非常注重标准的制定，自成立以来共发布企业标准 300 项，并且每年以近 100 项的速度增加。自 2002 年开始，中国移动加大了在国际标准制定方面的力度，每年都向 3GPP、OMA 等国际标准化组织提交大量稿件。同时，中国移动非常注重对专利的投入。目前中国移动拥有 140 项国内专利，其中发明专利 136 项。这些专利为其开展的彩铃、可视电话等业务提供了技术基础，并为我国自主技术在国际标准和规范制定方面获得了“话语权”。

（2）管理创新成就卓越品质

王建宙说，“一个企业拥有多方面的资源，管理就是使各种资源更好地有效配置，达到最满意的目标。”通过海外上市，借助国际资本市场严格的监管要求，中国移动引入了与国际接轨的管理思想和模式，形成了战略、预算、绩效、薪酬的闭环管理体系，充分发挥规模优势，在设备采购、网络管理、资金调度等方面建立并逐步完善了集中化低成本运营管理模式。管理创新节省了大量成本，使客户享受到低价位高品质的服务。有数据显示，2005 年与 2004 年相比，中国移动采购成本平均下降 27.9%。客户平均每分钟话费的价格，从 1999 年的 0.73 元下降到 2005 年底的每分钟 0.24 元。

（3）业务创新成就一流企业

坚持以客户为导向，不断进行服务与业务创新，提升服务品质，中国移动通信获得了空前的成功。如今，中国移动的 10086 已经成为世界上高水平的客户服务中心，客户满意度处于世界先进水平；通过实施品牌经营策略，“全球通”、“神州行”、“动感地带”三大客户品牌优势明显，深入人心；创新推出的 VIP 延伸服务、“话费误差、双倍返还”的诚信服务、跨区服务等举措极大地提升了客户价值；持续推进业务创新，率先推出并成功推广了短信、彩铃、彩信等众多深受客户喜欢的新业务。以短信业务为例，2005 年，中国移动短信业务使用客户数占客户总数的比例达到 83.8%，短信业务使用量接近 2500 亿条，短信业务的普及率和使用量均为世界第一。

（4）市场创新再攀新的高峰

王建宙提出“从优秀到卓越，实现新跨越”的奋斗目标，并率领中国移动围绕“打造核心竞争力”和“提升社会影响力”进行着卓有成效的尝试。他在市场方面所施新政的举措，可归纳为三个方面：不断扩大用户规模。凭借在网络上的规模成本优势，中国移动能够在较低的资费水平下仍能保持合理利润，实现并保持每月新增300万户以上的增长速度。做大话音业务的同时，强调无线数据业务的开发和推广，即“两条腿走路”。目前，中国移动新业务的收入比重已达到16%～17%，不少省份接近18%。关注集团客户和行业信息化解决方案。这不仅是中国移动开发存量客户市场一次新的战略调整，也是中国移动在新增市场越来越狭小的情况下寻找新突破的尝试。有评价说，中国移动作为中国主导通信运营商，能够在国家提出信息化带动全社会发展的大背景下转向IT信息服务领域寻找新的发展空间，对于加强中国移动掌控市场的能力大有裨益。

超越自我　锁定更高目标

如今，“移动改变生活，创新成就卓越”已不光是一句简单的口号。在中国每六个人中，就有一个是中国移动的客户。中国移动先后开创了多项全国“第一”：在国内电信企业中，第一个在境外挂牌上市，率先进入国际资本市场，并经过6次分步收购，于2004年第一个实现了主营业务资产整体上市；第一个开展客户品牌塑造，针对年轻一族推出客户品牌“动感地带”，被誉为推倒了电信业品牌竞争的第一张多米诺骨牌；第一个推出“开放、合作、共赢”的产业价值链商业合作模式，“移动梦网”拉动我国互联网产业走出低谷，迎来发展的春天；第一个在全球建设移动智能网，推出预付费业务……

中国移动已跻身世界一流企业行列，并已进入世界运营商的第一梯队，但王建宙的“野心”更大。他说，“中国移动瞄准的是从优秀到卓越，是不断超越自我，成为世界通信业的强者。”

在中国移动的“新跨越”战略中，更高的创新目标正在被锁定，更出彩的创新大手笔才刚刚开始。在创新的引领下，中国移动这只“大象”将开始新一轮的飞奔。

情感层面——评价

5. 应用上述框架中的原则，协调员引导出一个提升一所学校、一个组织或社区的创新过程。这一部分可以用轻松的形式和游戏引发一种精神，因为头脑风暴要向一切变革创新敞开大门。下列的循环，常用于走向卓越的持续变革中，可以作为一个示范。

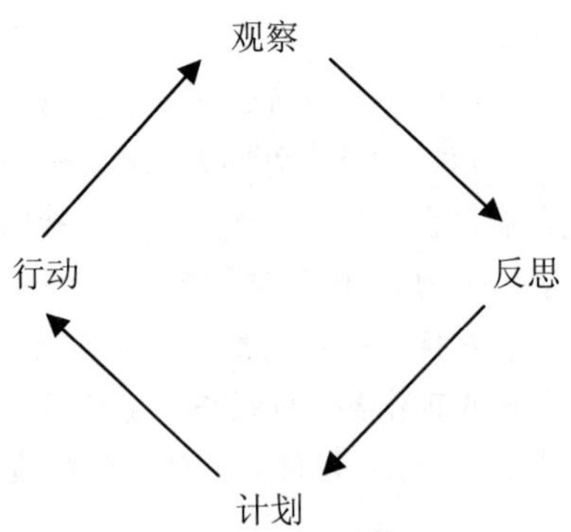

6. 协调员通过提问引导参与者进行个人思考，问题是“在你个人的、组织的各种努力中，你是否追求质量和卓越？”参与者可以通过举手示意来回答。

7. 不论参与者的热烈回答是肯定还是否定，协调员都要求他们给出理由。

8. 协调员总结影响一个人有关质量和卓越价值观的共同因素。

9. 参与者对列出的各个影响因素，按下列等级打分：

1——2——3——4——5——6——7

对我并非如此　　　　　　　　对我正是如此

10. 参与者将他们的打分结果与同伴进行交流。

活动层面——行动

案例教学：

创新一生的毛泽东

毛泽东的一生，是创新的一生。毛泽东青年时期，就“性不好束缚”，敢于向一切旧势力挑战。当接受马克思主义以后，他就更加自觉、更加主动、更加坚定地站在人民一边，向黑暗的旧制度宣战，决心推翻旧中国，创造一个新世界，开始了自己创新的一生。

创新、关键在新，即能言前人之所未言，做前人所未做之事。说大一点，即在人类认识和改造客观世界的进程中勇于去开创前所未有的新境界，做出前人没有做出的事业。理论上实践上的重大创新，既是时代发展的要求，又要受到时代发展所能提供的条件的限制，需要以坚韧不拔的意志进行坚持不懈的奋斗。

创新是有风险的。创新与失误共存，拒绝失误，就是拒绝创新。因此，在创新中必须慎之又慎，力求避免重大的失误。另外，对创新中的失误要抱冷静的宽容的态度，重在总结历史经验，使创新者变得更聪明。

毋庸讳言，毛泽东的创新也是十分艰难的，也有过大大小小的失误，特别是在他的晚年。1958 年开始的三年“大跃进”和 1966 年开始的十年“文化大革命”，毛泽东是有责任的。但瑕不掩瑜，云不遮日，就毛泽东对中国革命和中华民族的贡献而言，他的一生是伟大的一生，创新的一生，为人民利益奋斗的一生。毛泽东在以下几个方面做出了杰出的重大的创新。

一、在半殖民地半封建中国，开辟了在农村进行武装割据，通过农村包围城市，最后夺取全国胜利的革命道路。

二、在一个农民占人口多数的国家，创立了建设一个用马克思主义武装的、密切联系人民群众的、具有战斗力的无产阶级的先进政党的理论。

三、在一个有枪就有权、军阀林立的国度里创立了建立一支由共产党领导的、忠于人民、忠于革命、攻无不克、战无不胜的人民军队和进行人民战争的理论。

四、在半殖民地半封建中国，创立了既不同于俄国十月社会主义革命，又不同于西欧资产阶级民主革命，在无产阶级领导下的、人民大众的、反帝反封建的新民主主义革命理论。

五、在经济落后的中国，创立了经过一个由国营经济领导的、多种经济成分并存的新民主主义社会，逐步地、平稳地把中国引上社会主义的理论。

六、在无产阶级占人口少数的中国，创立了团结一切可以团结的力量，共同向帝国主义、封建主义进行斗争的人民民主统一战线的理论。

七、在社会主义发展史上，创立了社会主义社会的基本矛盾和人民内部矛盾，以及正确处理这些矛盾，使社会主义制度不断完善和发展的理论。

八、在国家对外政策上，创立了独立自主、和平共处，维护国家独立、反对一切霸权主义的理论。

此外，毛泽东在其他方面还有许多创新。比如，在经济建设中提出了正确处理十大关系的思想；在财经工作中提出了发展经济、保障供给的思想；在党的建设上提出了必须发扬三大作风和两个务必的思想；在军事工作中提出十大军事原则等；在文艺工作中提出深入工农兵，为工农兵服务的思想；在文风中提出反对党八股，建立生动、活泼、新鲜、有力的新文风，以及从群众中来到群众中去、关心群众生活注意工作方法等一系列带有指导意义的观点和方法。

恩格斯在马克思墓前的演说中讲到：马克思一生在理论上做出了两点重大贡献，一是发现了人类历史发展的规律，一是发现了资本主义生产方式的特殊运动规律。他说：马克思"一生能有这两个发现，就是很够了，甚至只要能做出一个这样的发现，也已经是幸福的了。"套用恩格斯的说法，我们也可以说，毛泽东在中国能做出以上许多创新，特别是他提示了中国半殖民地半封建社会的走向，指出必须经过新民主主义革命和新民主主义社会，中国方能获得独立和解放，方能走向繁荣富强的社会主义，并按照这个规律把中国改造为新中国，把中国引上社会主义道路，这对毛泽东来说就是很够了，也已经是幸福的了。

毛泽东做出上述创新，不仅对毛泽东来说是幸福的，而且对中国人民来讲也是十分幸福的。邓小平指出："我们能够取得现在这样的成就，都是同中国共产党的领导、同毛泽东的领导分不开的。""如果没有毛泽东同志的卓越领导，中国革命有极大的可能到现在还没有胜利，那样，中国各族人民就还处在帝国主义、封建主义、官僚资本主义的反动统治之下，我们党就还在黑暗中苦斗。"他反复告诫全党和全国人民："毛泽东思想这个旗帜丢不得。"

毛泽东的一生，是拼搏的一生，创新的一生，为人民服务的一生。他虽然已经离开我们20多年了，但他对中国革命和中国建设的贡献将永载史册。他永不停息、永远创新的精神，将永远鼓舞着中国人民在社会主义建设道路上不断探索，不断前进。

11. 协调员鼓励参与者针对影响他们努力追求质量与卓越的一个因素，采取措施加以克服。

12. 协调员要求参与者找出一个具体办法，以便能在日常生活中采用，可以每日持续改进，从而追求个人卓越。

13. 协调员指导参与者说出一些可以促进各种企业中质量和卓越价值观提高的座右铭。

案例教学：

青藏铁路建成通车

自1825年铁路问世以来，在其180余年的历史中，世界上没有哪个国家的一条铁路的竣工，能像青藏铁路那样会在世界上引起如此强烈的反响。这条世界上海拔最高、线路最长的高原铁路的建设者们，攻克了"高寒缺氧、多年冻土、生态脆弱"三大难题，谱写了人类铁路建设史上的光辉篇章。

它是当代中国的历史性创造，是中华民族的光荣和骄傲，世界为之赞叹也就成了必然。

【所需材料】

- 纸和笔。
- 写座右铭的横幅（如果需要）。
- 彩色水笔。

- 建议读物。

【课后作业】

针对影响你努力追求质量与卓越的一个因素，采取措施加以克服。

【背景材料】

质量意识：

自从戴明（Deming）朱兰（Juran）等人提出质量观念，组织中的质量观念已伴随我们大约 50 年了。在过去，质量运动强调在科学的管理环境中高度结构化、精确化的严密途径和方法。近来，一些更具创造性的途径得到人们的认可，即为适应快速变化的环境，而注重创造革新，这已成为有名的不断完好的过程。

多兰（Dolan），加西亚（Garcia）和奥尔巴克（Auerbach）（2003）写了有关基于价值观管理（MBV）的新组织，并将不断的改进描述为一个实行价值观管理组织的目标。重要的是，他们强调实现这些文化价值观就是在一个充满信任的环境里能够有创造力、不断学习和享受工作。米哈里·斯克赞哈里（Mihaly Csikszentmihalyi）（1997）写了大量关于“流”的文章，即一种高水平的创造状态，这常发生在当我们积极地投入到一个困难企业，或一个考验我们心理和生理的极限的任务时。

“流”，被描述为一种最佳的体验，其特征为：

- 充满玩趣的感受
- 受到控制的感觉
- 注意力高度集中
- 活动本身所带来的心理愉悦
- 对时间的异常感觉
- 一场技能与挑战的竞赛

斯克赞哈里（Csikszentmihalyi）认为这种状态中，人们不必担心失败。其实，早在几十年前，戴明先生就已经指出驱赶走惧怕是形成质量结果的前提条件。

瓦格纳·马什（Wagner-Marsh）和科利（Conley）（1999）在他们以精神为基础的组织研究中又进了一步，其要点是这一组织要全员共同分担对质量和服务的承诺。特腾鲍（Tetenbaum）提出创造和维持一个“学习型组织”要通过实验、冒险和试错等途径，才能掌握创新。科尔（Cole）（2002）主张一种文化转变，即从不断改进到不断创新。显然，这些作家和其他作家都使用“流”、“创造”、“创新”和“冒险”等价值观作为构建他们组织的质量意识的基础。

个体：

在个体层面，大多数人并没有去尝试进行自我批评、自我监督和有目的的质量活动。其实，这对于提高我们的时间效率和唤醒我们生活中的质量意识是一种有益的练习。阿德勒（Adler）（2002）写了一本叫做《创商——如何激发你的创造思维》的好书，在书中他问了一个非常好的问题：“为具有创造力你做了什么？”

不幸的是，我们中绝大多数人使自己的生活充满了杂乱无章的东西，而并没有把创造放在首位。我们仅仅是没有足够的时间进行创造性思维。造成时间紧张有许多“罪魁祸首”，包括工作、学校约束、家庭责任、对亲戚朋友的义务、其他活动，以及忙于大量无益于创造的娱乐活动（电视、电视游戏、计算机游戏、电影）等等。

组织：

许多组织已经建立了很多关于质量的和商业卓越的框架。20 世纪 80 年代中期，全面质量管理（TQM）规范了这一过程。此后，供应链管理（JIT）存货管、业务流程重组（BPR）和六西格马管理开始流行，也都在不同程度上取得了成功，纵观其效果大体持平。与这些方法并行的有平衡记分卡、三重底线报告，以及包括 ISO9000、欧洲企业卓越框架和全球报告倡议（GRI）在内的许多标准和卓越框架。澳大利亚采取了澳企业卓越框架，这个框架包含了 12 条商业准则，已在模块中列出。

核心价值观五　和平与公正

模块 21
工作场所中的人权

这一模块相关联的核心价值观是和平与公正，和平不只是避免暴力，同时也包括尊重、宽容、信任、相互理解、合作、公正和自由。公正是和平的基石，其基础在于对人权普遍性的认可。

这一模块对应的相关价值观是尊重人权，涉及对人权的完整理解，包括所有人（无论其如何多样化）的基本自由和平等，并满足所有人的基本需求。

【学习目标】

- 识别并讨论在亚太地区一些国家存在的侵犯人权的现象。
- 解释人权和工作的关系及两者之间的相互联系。
- 分析妇女、儿童和移民工人工作状况的案例。
- 认同所有类型工作的尊严，包括体力劳动和积极职业道德的价值观。

【学习内容】

- 工作场所中的人权：重点是女工、童工和移民工人。

【学习活动】

认知层面——知晓

1. 关于工作中的人权

协调员展示反映亚洲和世界其他国家富有与贫穷的对比照片；并展示我国农民工或童工工作和生活的照片及相关报道。

2. 工作中人权问题状况

将参与者分成若干小组，每个小组选择一组照片和报道，进行小组讨论：

（1）描述图片和报道中国家和地区所处的经济和社会发展状况，所处的时代特征。

（2）上网搜索有关人权的法律和规定。例如：世界人权宣言；我国《国家人权行动计划（2009—2010年）》；《国务院关于解决农民工问题的若干意见》（2006年）等。

（3）分析照片或报道中的人权状况。

（4）讨论这种状况所带来的结果，是富有还是贫穷？心情愉快还是颓废绝望？让人感受到的是生长还是死亡？

（5）分析造成上述结果的原因。

（6）每个小组派出一名代表，说明小组讨论的情况（所有的观点、态度、意见）；协调员进行概括和总结。

概念层面——理解

3. 工作中人权问题引发的思考

协调员介绍一个移居他国的菲律宾工人的案例（见本模块的“附录”），并要求参与者回答下列问题：

（1）你认为这个移居他国的菲律宾工人受到了哪些侵犯人权的待遇？

（2）为保护她的人权，需要做些什么？

（3）谈谈你自己在工作或学习生活中切身受到的人权的尊重。

思考题：

（1）你所了解到的侵犯人权的例子有哪些？

（2）你对工作场所中人权的建议是什么？

（3）你在工作场所中如何做到尊重人权？

情感层面——评价

4. 协调员问参与者，“你如何评估这个国家对待工人的态度，尤其是对女工、童工和移民工人的态度？请按1～5级的尺度打分！”

1————2————3————4————5

差　有些不满意　一般　很满意　非常满意

5. 协调员让参与者分成几个三人小组，交流他们各自的等级划分结果及评分的理由。然后要求参与者在全班汇报讨论结果，讨论他们对工人工作状况的感觉，重点是女工、童工和移民工人。

6. 列举我国农民工在人权方面受到的待遇，并指出还有哪些不公平的现象？

活动层面——行动

7. 协调员向参与者提出一个挑战，要求他们想出改善女工、童工和移民工人人权状况的办法，在思考时回答下列问题：

（1）为了更加善待工人，你能为政府和文明社会提出什么具体和可行的措施？实施步骤是什么？

（2）为帮助政府和文明社会制定一个有利于保护劳动者人权的政策和实施计划，你个人能做些什么？

【所需材料】

- 展示的图片。
- 关于人权方面的资料和案例。
- 纸和笔。
- 白板。

【评价方式】

1. 对人权有完整理解，能鉴别哪些是侵犯人权的行为。
2. 能解释人权与工作的关系，认同所有类型工作的尊严，能做到尊重人权。

【建议读物】

1.《世界人权宣言》。
2.《中华人民共和国劳动法》。
3.《中华人民共和国劳动合同法》。
4.《国家人权行动计划（2009—2010 年）》。
5.《国务院关于解决农民工问题的若干意见》。
6. http://www.humanrights.com.cn/人权网的文章。

附录：

对移居香港的菲律宾劳工的案例分析

菲律宾是世界上向海外输出劳工最多的国家之一。从 19 世纪开始，该国就向海外输出劳工。在 19 世纪 90 年代到 20 世纪 30 年代这段时间里，向海外输出劳工的主导模式是非熟练劳工流向美国、加拿大、澳大利亚等发达国家。而从 20 世纪 70 年代开始，熟练劳工流向中东地区。2001 年，估计有 740 万菲律宾劳工在海外工作，其中，270 万人为永久性定居劳工，310 万人为暂时居留的劳工，另外 160 万人为不定期劳工。

罗莎莉欧 · 普娜（Rosario Puno），来自一个名叫卡拉提佩（Calatipe）的小镇，该镇位于潘帕恩加（Pampanga）的阿帕里特（Apalit）。在安格里斯学院（Angeles College）教了六年书后，她决定给自己的职业生涯来个大转变。39 岁的她拥有文学硕士文凭，并正在攻读博士。她期待着几年的专业学习之后，可以获得提升。可是她还要做别的计划。最近才和丈夫分开的她成了六口之家中唯一赚钱养家的人，她有两个孩子，小的 8 岁，大的 10 岁，另外有年迈的父母亲。仅凭每个月教书的 3100 比索（大约相当于 110 美元）工资收入，刚刚够维持基本的家庭生存需要。

她多次往返马尼拉，通过一家招聘中介申请海外工作机会，旅途开销不菲。经过六个半月的等待，罗莎于1991年11月14日飞赴香港，应聘在王大关家做保姆。临行时她对家里人承诺每个月会负担他们的基本生活费用。

在香港头一年的艰难超出了她的想象。王家属于中产阶级，有六口人，婆婆（祖母）是个要求苛刻的人，她一定要罗莎随叫随到。罗莎无论做什么几乎都被指责，婆婆对她不公正的待遇看来总是没完没了。罗莎私底下常常以泪洗面。在孤独和困惑中想家。本地人对她的歧视也使她不知所措。工作环境本身和在这种环境下挣扎适应的痛苦，让罗莎觉得她所面临的问题和困难简直无法挣脱。

然而，由于婆婆的过世，事情出现了转机。因为罗莎口齿伶俐，做事干脆利落，所以她开始得到雇主的尊重。此后她过得比较顺利，尽管思乡和普遍存在的本地人的歧视并没有完全消失，而且由于王家添丁，她的工作担子更重了，不过她的处境确实大大改善了。她把每月收入的75%寄回菲律宾给家里人，她觉得由于自己做保姆，家里的生活的确改善了。两年后，她决定和雇主续约。

现在罗莎有了别的梦想。她希望去加拿大，最后可以完成博士学业。她相信在香港的经历是她实现梦想的基石。与此同时，她继续勤奋地为王家服务着。

模块 22
分享观点

这一模块相关联的核心价值观是和平与公正。和平应不只是避免暴力，还应是尊重、宽容、信任、相互理解与合作、公正和自由。公正是和平的基础，它是基于对多方面人权的承认。

这一模块对应的相关价值观是和谐、合作和小组工作，它包括在共同工作中的一种相互支持、合作和完善的方式中，分享彼此的观点和实现共同的目标。

【学习目标】

- 认识工作场所的和谐、合作和小组工作的益处。
- 评估个人在实现和谐、合作和小组工作这些价值时的表现。
- 在一个和谐、合作和小组工作的场所中能够分享现实观点。

【学习内容】

- 构建工作场所和谐、合作和小组工作的元素。

【学习活动】

认知层面——知晓

1. 每个同学用分享开头，后面连接词语，做一个词语接龙，中间不能重复。

协调员指导学生们找出刚才大家在做游戏时有什么特点，“分享”后面连接的词语一般都倾向于什么类型的词。

2. 协调员播放一些图片和小视频，让大家共同欣赏这些图片，每个人都可以谈谈对同一图片的感受。

协调员指导学生们了解每个人都有各自看问题的视角和观点，并且都有其合理性，这与每个人的思维方式、幼年的经历以及性格等因素有着直接的关系。我们在倾听了大家的不同感受和观点的同时，也会使我们本身提高对事物多角度的理解以及包容性。

情感层面——评价

3. 游戏：“鱼缸策略”。

（1）协调员采用“鱼缸策略”。在第一轮游戏中，需要 7 位参与者自愿扮演游戏人物。

小组其他成员围坐在外圈做观察员，并被要求简单地观察那些像鱼缸中的鱼一样的游戏者。无论扮演小组中发生了什么事情，他们在任何环节中都不能干涉。这 7 个游戏者将完成指定给他们的小组任务。在游戏开始之前，协调员为他们分派角色，每个人的角色都是私下定的，其他人都不知道。下面是建议他们扮演的角色：

1 号演员：你是小组的领导，你想要在其他人面前炫耀自己，证明你比他们都略高一筹。

2 号演员：你对自己不是小组的领导很不满意，你认为你比现在的领导要强。于是试图与 1 号演员竞争，以证明谁是真正的领导。

3 号演员：你有另外的关注，你只关心小组如何用尽可能少的时间完成任务，于是你可以将注意力集中在自己的关注点上。

4 号演员：你的自信心很低落，你总不相信自己在任何工作中都被计算在内，因此，你很被动地看着小组其他成员去完成任务。

5 号演员：你是小组领导 1 号演员最好的朋友，因此，你尽全力去帮助他。

6 号演员：你只要对自己能从小组任务中得到些什么感兴趣，一旦你看不到任何个人利益，你就变得兴趣索然、漠不关心了。

7 号演员：你是和平的维护者，你希望小组能够和谐、合作地工作。你对小组内冲突十分不满，于是你试着用幽默和打岔来淡化这些冲突。

（2）第一轮游戏过后，另外再邀请 7 位自愿参与者。这时，协调员会指导他们努力以和谐、合作和团队协作的方式去完成同样的任务。小组的其他成员仍是这一过程的观察者。

（3）协调员在第二轮游戏结束后，请观察者来评论第一组和第二组的差别。

（4）协调员还要了解一下两个组的演员们各自的感受。因此，第一组可以向大家公开他们各自的扮演脚本，使大家能够更好地理解他们的行为。

（5）协调员对他们从这一游戏中学到和认识到的进行总结和概括。

如果把演员比成“鱼缸”里的“鱼”，当他们在尽力说服对方的时候，他们的声音分贝会无形中提高，情绪是激动的，语言是咄咄逼人的，这时我们会发现“鱼缸”里的“水”是浑浊的、搅动的，是不利于“鱼”的生存的。但当他们试图理解对方的观点，抱着合作、分享的态度，尝试接受对方观点的时候，他们的声音放低了，情绪平缓了，语言温和了，这时“鱼缸”里的水清澈了、平静了，这样的环境很适合“鱼儿”的生存。人是否也适用这一原则？那就让我们尽量去理解、分享对方的观点吧！

4. 当团队中出现矛盾时，应如何做到分享。

案例教学：

成为湖泊

一位年老的印度大师身边有一个总是抱怨的弟子。有一天，他派这个弟子去买盐。弟子回来后，大师吩咐这个不快活的年轻人抓一把盐放在一杯水中，然后喝了它。大师问：“味道如何？”，弟子呲牙咧嘴地吐了口吐沫：“苦!”。

大师又吩咐年轻人把剩下的盐都放进附近的湖里。弟子于是把盐倒进湖里，大师说：“再尝尝湖水”。年轻人捧了一口湖水尝了尝……

大师问道：“什么味道？”

弟子答道：“很新鲜。”

大师问："你尝到咸味了吗？"

年轻人答道："没有。"

这时大师对弟子说道：

"生命中的矛盾和分歧就像是盐；不多，也不少。我们在生活中遇到的矛盾分歧就这么多。但是，我们体验到的感受却取决于我们将它盛放在多大的容器中。"

所以，当你处于矛盾中时，你只要开阔你的胸怀……

不要做一只杯子，

而要做一个湖泊。

协调员指导参与者体会故事中所蕴含的深刻含义，反思一下我们的很多不快乐、埋怨不是源于事物本事，而是源于我们人本身。我们应如何面对与我们有不同观点的人?如何以平和的心态面对这些矛盾和分歧?

概念层面——理解

5. 协调员强调和谐、合作和小组工作的价值观是任何一个工作场所的基本要求。由于小组成员都亲眼看到了游戏中的得失，学习这一价值观就不再困难了。

分享是一种态度，它包括尊重、宽容、信任，而这种态度又决定了我们的行为——合作、沟通、互相支持以及互相弥补。

6. 协调员与小组成员讨论促进这些价值观形成的一些元素，包括：

- 领导的类型，比如一个用促进团结代替推崇个人利益的领导人。
- 要知晓小组成员中存在的可能的隐藏动机。
- 相互接受的能力——长处和短处。
- 相互自由交流沟通的能力。
- 互相回应的能力。
- 直面矛盾，面对面地解决矛盾，避免以暴力方式处理。
- 存在可共享的观点。

活动层面——行动

7. 如何形成和谐、合作和团队协作的环境：合作→沟通→有效倾听+有效表达。

前提：协调员鼓励参与者参与行动，消除顾虑。

（1）没有一个人是十全十美的。

（2）没有一个人可以停滞不前的。

（3）思考与实际行动存在着一定差距。

8. 实际行动：

（1）协调员提出问题：你通过自己在小组中的实际行为和表现，认为和谐、合作和团队协作的价值观有多么重要？参与者通过给自己打分来说明自己的情况，1 代表低价值，10 代表高价值。每个人把对自己的评价分值写在一张纸上，在得分的下面，写出获得这一分值的原因，这张纸暂时由个人保存。

（2）协调员要求每个参与者去得到至少 10 个其他参与者就刚才同样的问题对自己的评价，即给自己打分，同样，每个评价者也要在自己给别人打分下面写出简单的理由。参与者被告知，对他人的反馈不要表达自己的看法，只需要接受下来即可。

（3）互相打分结束后，协调员要求参与者将接受到的他人评价进行平均，并与自我评分相比较，然后回答下列问题：

① 你的自我评价与他人的评价相一致吗？差距有多大？

② 你对这一结果感觉如何？

③ 评价的一致性或不一致性说明了什么？

④ 通过这一体验你有什么感悟？你从别人的反馈中学习到了什么？

⑤ 为了自己充分拥有和谐、合作和团队协作的价值观，你发现有哪些需要考虑的重要内容？

情景：一位阔绰的储户到纽约一家银行存款，出纳员按照银行的规定，要求他填写存款申请表格，有些他马上填写了，但有些他拒绝填写。

协调员：如果你是一名银行的出纳员，你将如何与这位客户沟通？（角色扮演）

协调员要认可参与者存在的思考与实际行动有一定差距的自然倾向，这在和谐、和作和小组工作中的价值观中是客观存在的。这些价值观总是说起来容易，做起来难。协调员要求参与者通过仔细审视从其他同伴中接受的反馈，朝这一价值观的实现而努力工作。

银行出纳员是如何沟通的：出纳员表示自己的意见跟他完全一样，他不愿填写的内容她也认为并不“十分”必要。但出纳员对那位顾客说：“若是你去世后，你有钱存在我们银行，你可愿意让银行把存款转交给你最亲密的人吗？”那位客人马上回答：“当然愿意”出纳员接着说：“那么你就依照我们的办法去做如何？”，“是，是的。”

至此，协调员鼓励他们在某一领域努力做，基本做到和谐、合作和小组工作的价值观要求。

协调员倡导坚持分享观点对于人们在一个和谐、合作和小组工作中同舟共济的重要性，参与者全体起立鼓掌表示支持这一观点，这一课就圆满地结束了。

【所需材料】

- 指定的 7 个角色扮演者的表演脚本。
- 个人和小组打分用的纸。

【建议读物】

1. 杨眉．送你一座玫瑰园［M］．北京：中国城市出版社，2004.

2. 威尔·鲍温．不抱怨的世界．陈静昱，译．西安：陕西师范大学出版社，2009.

模块 23
宽容

这一模块相关联核心价值观是和平与公正。和平不只是避免暴力，同时也包括尊重、宽容、信任、相互理解、合作、公正和自由。公正是和平的基石，其基础在于对人权普遍性的认可。

这一模块相对应的相关价值观是对多样性的宽容。承认多元性的现实，欣赏各种文化的丰富多样性和人类表达的其他方式，呼吁多样性的宽容，摒弃漠不关心和偏见。

【学习目标】

- 欣赏多样性和差异的美。
- 学习宽容的价值。
- 评估个人对多样化和差异性的宽容程度。
- 发挥主动性逐渐增加宽容程度。

【学习内容】

- 宽容的概念。

【学习活动】

认知层面——知晓

1. 案例导入：《最美好的世界》（作者：彼得·德罗萨）。
2. 课堂讨论：
（1）霍加斯所创造的美好世界的特点是什么？他的出发点是什么？
（2）“球仔”们的感受和要求是什么？
（3）你站在谁的一方？如何评价他们？
（4）在我们的现实生活中有这样的情况吗？举例说明。
（5）这篇文章包含的寓意与宽容有什么联系？

概念层面——理解

3. 课堂讲授：宽容的涵义

承认多元性的现实，欣赏各种文化的丰富多样性和人类表达的其他方式，摒弃漠不关心和偏见。

4. 课堂讲授并讨论：宽容的特征

● 宽容是能感受到的差异美，宽容是对差异性的尊重。

（1）认识：世界的多样性——社会制度多样化；价值取向多样化；生活方式多样化；表达方式多样化；思维方式多样化；气质性格多样化……（此处，协调员可广泛搜集反映不同国家、不同民族的多姿多彩的文化、艺术、服饰等方面的精美图片，与参与者分享，从而感受差异的美）

案例：

接纳不完美的自己——人各有所长

一位挑夫有两个水桶，分别吊在扁担的两头，其中一个桶子有裂缝，另一个则完好无缺。在每趟长途挑运之后，完好无缺的桶子总是能将满满一桶水从溪边送到主人家中，但是有裂缝的桶子到达主人家时，却剩下半桶水。两年来，挑夫就这样每天挑一桶半的水到主人家。当然，好桶对自己能够送满整桶水感到很自豪，破桶对于自己的缺陷则非常羞愧，它为只能负起责任的一半，感到很难过。

饱尝了两年失败的苦楚，破桶终于忍不住，在小溪旁对挑夫说："我很惭愧，必须向你道歉。""为什么呢？"挑夫问道："你为什么觉得惭愧?""过去两年，因为水从我这边一路地漏，我只能送半桶水到你主人家，我的缺陷，使你做了全部的工作，却只收到一半成果。"破桶说。挑夫替破桶感到难过，他满有爱心地说："我们回到主人家的路上，我要你留意路旁盛开的花朵。"

果真，他们走在山坡上，破桶眼前一亮，看到缤纷的花朵开满路的一旁，沐浴在温暖的阳光之下，这景象使它开心了很多。但是，走到小路的尽头，它又难受了，因为一半的水又在路上漏掉了。破桶再次向挑水夫道歉，挑夫温和地说："你有没有注意到小路两旁，只有你的那一边有花，好桶的那一边却没有开花呢？我明白你有缺陷，因此我善加利用，在你那边的路旁撒了花种，每回我从溪边来，你就替我一路浇了花。两年来，这些美丽的花朵装饰了主人的餐桌。如果你不是这个样子，主人的桌上也没有这么好看的花朵了！"

（2）讨论：

① 小故事中的大智慧是什么？给我们职业人（准职业人）有哪些启示？

② 一外籍教师在我校工作的经历——如何看待东西方人情感表达方式的差异？你能从中感受到差异的美吗？

③ 为什么唯学历论、拜金主义、官本位思想是偏见？其不公正的体现有哪些？成功的标准是唯一的吗？谈谈你曾有过的被偏见所害而不被宽容的经历？你的感受如何？

● 不宽容的种子是害怕和无知

案例：

吃亏是福

在美国一个市场里，有个中国妇人的摊位生意特别好，引起其他摊贩的嫉妒，大家常有意无意地把垃圾扫到她的店门口。

这个中国妇人只是宽厚地笑笑，不予计较，反而把垃圾都清扫到自己的角落。旁边卖菜的墨西哥妇人观察了她好几天，忍不住问道："大家都把垃圾扫到你这里来，你为什么不生气?"

中国妇人笑着说："在我们国家，过年的时候，都会把垃圾往家里扫，垃圾越多就代表会赚很多的钱。现在每天都有人送钱到我这里，我怎么舍得拒绝呢？你看我的生意不是越来越好吗?"

从此以后，那些垃圾就不再出现了。

讨论并总结：宽容的智慧

宽容不是迁就，也不是软弱，而是一种充满智慧的处世之道。中国妇人用宽容宽恕了别人，也为自己创造了一个融洽的人际环境，这种化诅咒为祝福的智慧确实令人惊叹。

以一种博大的胸怀和真诚的态度宽容别人，就等于送给了自己一份神奇的礼物。任何担心这样做会引起混乱或被认为是示弱行为或怕丢面子的想法都是不正确的，几乎所有这样的担心都是多余的，没来由的。

（3）案例导入：相声《五官争功》与宽容的关系

- 宽容的种子是爱和同情，宽容是通过相互理解而互相尊重。

案例：

宽容是心与心的体谅

我17岁那年，好不容易找到一份临时工作。母亲喜忧参半：家里有了指望，但又为我的毛手毛脚操心。工作对我们孤女寡母太重要了。我中学毕业后，正赶上大萧条，一个差事会有几十、上百的失业者争夺。多亏母亲为我的面试赶做了一身整洁的海军蓝，才得以被一家珠宝行录用。

在商店的一楼，我干得挺欢。第一周，我受到领班的称赞。第二周，我被破例调往楼上。楼上珠宝部是商场的"心脏"，专营珍宝和高级饰物。整层楼排列着气派很大的展品橱窗，还有两个专供看购珠宝的小屋。我的职责是管理商品，在经理室外帮忙和传接电话。要干得热情、敏捷，还要防盗。

圣诞节临近，工作日趋紧张、兴奋，我也忧虑起来。忙季过后我就得走，恢复往昔可怕的奔波日子。然而幸运之神却来临了。一天下午，我听到经理对总管说："艾艾那个小管理员很不赖，我挺喜欢她那个快活劲。"我竖起耳朵听到总管回答"是，这姑娘挺不错，我正有留下她的意思。"这让我回家时蹦跳了一路。

翌日，我冒雨赶到店里。距圣诞节只剩下一周时间，全店人员都绷紧了神经。我整理戒指时，瞥见那边柜台前站着一个男人。高个头，白皮肤，约莫 30 岁。但他脸上的表情吓我一跳，几乎就是这不幸年代的贫民缩影。一脸的悲伤、愤怒、惶惑，犹如陷入了他人设下的陷阱。剪裁得体的法兰绒服装已是褴褛不堪，诉说着主人的遭遇。他用一种永不可企的绝望眼神盯着那些宝石。我感到因为同情而涌起的悲伤。但我还牵挂着其他事，很快就把他忘了。

小屋打来要货电话，我进橱窗最里边取珠宝。当我已急急地挪出来时，衣袖碰落了一个碟子，6 枚精美绝伦的钻石戒指滚落到地上。总管先生激动不安地匆匆赶来，但没有发火。他知道我这一天是在怎样干的，只是说："快捡起来，放回碟子。"

我弯着腰，几欲泪下地说："先生，小屋还有顾客等着呢。"

"我去那边，孩子。你快捡起来这些戒指!"

我用近乎狂乱的速度捡回 5 枚戒指，但怎么也找不到第 6 枚。我寻思它是滚落到橱窗的夹缝里，就跑过去细细搜寻。没有！我突然瞥见那个高个男子正向出口走去。顿时，我领悟到戒指在哪儿。碟子打翻的一瞬，他正在场!

当他的手就要触及门柄时，我叫道：

“对不起，先生。”

他转过身来。漫长的一分钟里，我们无言对视。我祈祷着，不管怎样，让我挽回我在商店里的未来吧。跌落戒指是很糟，但终会被忘却；要是丢掉一枚，那简直不敢想像！而此刻，我若表现得急躁——即便我判断正确——也终会使我所有美好的希望化为泡影。“什么事?”他问。他的脸肌在抽搐。

我确信我的命运掌握在他手里。我能感觉得出他进店不是想偷什么。他也许想得到片刻温暖和感受一下美好的时辰。我深知什么是苦寻工作而又一无所获。我还能想像得出这个可怜人是以怎样的心情看这社会：一些人在购买奢侈品，而他一家老小却无以果腹。

“什么事?”他再次问道。猛地，我知道该怎样作答了。母亲说过，大多数人都是心地善良的。我不认为这个男人会伤害我。我望望窗外，此时大雾弥漫。

“这是我头回工作。现在找个事儿做很难，是不是?”我说。

他长久地审视着我，渐渐地，一丝十分柔和的微笑浮现在他脸上。“是的，的确如此。”他回答，“但我能肯定，你在这里会干得不错。我可以为你祝福吗?”

他伸出手与我相握。我低声地说：“也祝您好运。”他推开店门，消失在浓雾里。

我慢慢转过身，将手中的第 6 枚戒指放回了原处。

心地善良、宽容体谅往往会有一种意想不到的力量。

（4）讨论：请参与者谈谈自己曾被理解与宽容的往事与感受。

情感层面——评价

5. 课堂思考：

（1）你对他人具有的不同类别的多样性和差异性有一种宽容的心态吗？

（2）你对哪种人或哪些事的宽容度很低？

（3）什么能使你重新考虑这些心态，尤其是对那些宽容程度非常低的项目？

6. 填写宽容水平表

多样性与差异性的种类	宽容的水平		开放的程度或自愿或改变的程度	
	评分（0～100）	评分理由	YON①	选择的理由
1				
2				
3				
4				
5				
6				

注：① Y=是的，开放并乐意改变我的心态；

O=开放但并不乐意改变我的心态；

N=不，不开放也不乐意改变我的心态。

7. 协调员组织参与者交流并总结：

（1）促进宽容的因素：

爱、自由、公正、和平、理解、尊重现实、同情、信任、合作……

（2）阻碍宽容的因素：

妒嫉、无知、冷漠、专制、自私、歧视、偏见、恐惧、争斗、自我中心、唯我独尊、主观……

活动层面——行动

8. 案例导入：

老头子总是不会错——宽容是善待婚姻的最好方式

乡村有一对清贫老夫妇，有一天他们想把家中唯一值钱的马拉到市场上去换点更有用的东西。老头牵着马去赶集，他先与人换得一头母牛，又用母牛换了一只羊，再用羊换来一只肥鹅，又把鹅换了母鸡，然后用母鸡换了别人的一大袋烂苹果。在每次交换中，他都想给老伴一个惊喜。当他扛着大袋子来到一家小酒店歇息时，遇上两个英国人。闲聊中他谈了自己赶集的经过，两个英国人听得哈哈大笑，说他回去准得挨老婆一顿揍。老头子称绝对不会，英国人就用一袋金子打赌，三人于是一起回到老头子家中。

老太婆见老头回来，非常高兴，听老头讲赶集的经过。他毫不隐瞒，把全过程一一道来。每听老头子讲到用一种东西换另一种东西，她都十分激动地予以肯定"哦，我们有牛奶了。""羊奶也同样好喝。""哦，鹅毛多漂亮。""哦，我们有鸡蛋吃了!"诸如此类，最后听到老头子背回一袋已开始腐烂的苹果时，她同样不愠不恼，大声说："我们今晚就可以吃到苹果馅饼了！"其结果不用说，英国人为此输掉了一袋金币。

9. 思考并讨论：宽容的价值。

10. 总结：

（1）促进和谐社会的建设；

（2）建立良好的人际关系；

（3）提高团队的工作热情和积极性；

（4）构建美满幸福家庭；

（5）有利于身心健康；

（6）宽容能使世界消除战争与冲突；

……

11. 制定一个行动计划：提高自己的宽容程度。

12. 分享交流：让我们学会宽容。

【所需材料】

- 彼得·德罗萨《最美好的世界》。
- 有关宽容特征的幻灯片。
- 有关宽容的活页表。
- 纸和笔。

【参考文献】

苏隶东. 学会宽容［M］. 北京：中国民航出版社，2004.

宿春礼，王彦明. 人一生要懂的100个哲理［M］. 北京：光明日报出版社，2005.

【课后作业】

搜集有关宽容方面的小故事。

【背景材料】

最美好的世界

（节选并缩写自彼得·德罗萨的著作）

很久很久以前，在离你们的世界诞生十分遥远的从前，我，霍伽斯（Horgath），决定创造我自己的世界。说到我自己，我的确是相当善良和公正的。"我要创造最美好的世界"，说这句话时我是怀着最友善和最公正的心态的。

我无微不至地计划着这个乐土国（Happyland）。瞧!我要让我的生灵完全彻底地满意。我的画板出来了，上面有初步的九维空间素描。首先要解决的问题是我的生灵的外形。我试了数不清的形状，立方体、金字塔形、还有其他等。最终我决定用球形，而把其他的统统涂掉。我在想，球形是如此美妙与和谐。而且球形也和我一样，无始无终。

我立刻着手画出我的第一个球仔（Roundfolk）。折服于他的美妙，我不禁惊叹道，"多漂亮啊!"在初次创作的冲动下，我继续画下一个。"太美了。"我再次感叹道。如法炮制直到我意识到这是我首个重大的决策。"我所有的生灵都要看起来一个模样吗?"我立即想到任何的差别都会毁坏他们完美的对称，无论多小的差别都会导致对抗和误解。告诉你，当时我的头脑像刮过一阵旋风。为什么要冒险去招惹嫉妒、贪婪、仇恨、偷盗、斗殴，以及最终导致战争。把我所有的生灵都造得完全一模一样，这真是恰当无比。"那样他们就一定可以生活在和平与和谐中。"

我的计划现在完成了。我说出我的神奇配方，5000个友好的球仔兴高采烈地跳进了乐土国。我隐身看着。为了公正，我保持隐形。我丝毫不愿让他们看到我的无尽的超凡力量，不愿他们因此嫉妒。我高兴地看到许多球仔敲打着他们的大脑电脑键，询问是谁把他们放到这个美好的世界上。设计好的程序回答他们"伟大的上帝霍伽斯。"他们赞美与感谢的欢呼就像音乐一样愉悦着我的耳朵。

我庆贺自己为创造最美好的世界所作出的初次尝试。时不时，我扫一眼乐土国，看着球仔们享受一场高尔夫球赛，音乐会，或者登临高山去一览壮丽景色。此时此刻，一切在我看来不只是美好，而是美到极致。

记不清什么时候开始，我察觉到一丝冰冷的迹象似乎在悄然蔓延了乐土国。感恩的祈祷越来越少，让我对这一点更是深信不疑。在事情尚未完全失控之前，我向球仔们现出我的原形，我要和我的生灵对话。当球仔们从惊恐中缓过神儿来，齐聚到悬崖上后，我对他们说，

“现在请告诉我，你们有什么麻烦吗？难道我不是把你们放到了一个最美好的世界上？我有权了解你们为什么痛苦。”

我温和的语调令他们当中的一位鼓起了勇气，滚上前来说道，“请原谅，霍伽斯，我们再不像从前那样蹦蹦跳跳地上山去了，因为一点儿回报也没有。”另一位补充道，“一点儿挑战也没有。有谁愿意做每个人试都不用试就能做的事？” 另外一位紧跟着发牢骚，“做不费吹灰之力的事简直太浪费。而且单调。所以到头来什么也做不成。”

我争辩说，“我所设想的一切皆为了你们的幸福。”

“我们知道，”几个生灵急不可耐地回答道，“我们发现我们要什么有什么，这真有点儿无聊。我们在想，生活中要是多来点儿困难，我们是不是才会觉得有乐趣呢？”

我向他们承认，“我真的有点儿怀疑，难道说连我都不知道你们心里到底想要的是什么吗？”

一位生灵说道，“这么说吧！我们感觉你是为我们做了一切。但是，我们觉得你创造这个世界，更多是出于你自己获得心灵的宁静，而不是为了我们的利益。”

我说，“不妨看看你们的形状吧，圆球形，没起点也没终点。难道你们没看见我是按照自己的形象，把你们创造成我的同类吗？”

他们当中的一位说道，“霍伽斯，那仅仅是外表而已，虽然有这个形象，但是我们不过是群冒牌货。我们到底还是和你不同的啊！你不允许我们去创造。”

我抗辩道，“但是如果我让你们去创造，你们之间就会产生许许多多的分歧。”“我们宁愿如此。”他们说道。

他们的反应是自发的，我承认这令我吃惊。我对他们说，“正是因为我想做到绝对的公平，所以我才把你们造得一模一样。”

他们一个个嘀咕，“无聊，无聊，无聊。”这声音在场内此起彼伏。

我假装没听到他们的声音，急忙继续说道“如果我允许差异的存在，那么就会有没完没了的争论，你们不会想不到吧？”

所有的球仔喊了起来，“我们愿意冒这个险。”“如此一来便就会有痛苦和邪恶。”我说。

“有就有吧，霍伽斯。”他们大声喊道。

“最美好的世界怎么可以有邪恶的存在？”我说。

“霍伽斯，我们认为，这个世界一定要有邪恶存在。否则，世界如何发展呢？我们怎么去作贡献？如果没有危险、痛苦和牺牲的可能，我们将如何向别人显示出我们的爱呢？”

我礼貌地离开了乐土国，去思考球仔们的抱怨。我认识到绝对的公平也有其不足之处。它使我的生灵全部平等，但是也同样的无聊和孤独。没有哪个需要去帮助他人。我沮丧地扪心自问，“难道这就是完美的代价？”

我惊奇地发现一些球仔正偷偷地收拾起他们的屋子，朝着一个遥远的山谷走去。他们对抗我为了他们的福祉所做的苦心经营。为了与众不同，他们宁愿去选择一条不那么顺利的道路。为了阻止这种胡闹，我再次公开露面并召开一个大会。甚至那些正在拆房子准备跑到遥远山谷的家伙也来参加，虽然他们显得有些勉强。

我向他们说了这几句话，“我可爱的生灵，绝对公平和保证你们快乐是我创造一个最美好的世界的目的。然而即使是上帝，看来也需要生活和学习。我仔细考虑了你们要求我做的‘改进’。对此我一定会予以高度重视的。”

简直快得令人吃惊，球仔们带着刻有《生灵之权利法案》的卷轴就回来了。卷轴包括四项基本要求：

- 终止休闲的权利；
- 与他人不同的权利；
- 担当责任的权利；
- 失败的权利。

我吃惊地倒吸一口气，“失败的权利！”

一个球仔滚到前面同情地说道，“霍伽斯，没有失败的可能性，哪来的成功。而且对你一样适用呢！”

我痛苦地说，“我的世界尚未完成。我还要继续创造，让更多的生灵一个接一个地来到这个世界。”

“啊！霍伽斯，”球仔们欣喜若狂地呼喊道，“只要我们能帮助你创造世界，让更多生灵生活在这个世界，我们将无比高兴。我们将会感到我们的生活有了改变，我们会觉得我们死的时候我们承载着后来者，承载他们的快乐与悲伤，他们的胜利与灾难。毕竟只有这样，我们在乐土国才能得到永生。”

我说，“答应我，耐心地再等一等。我不想急着做决定。”他们作出了庄严保证，然后我离开了乐土国，我知道我将再也不能回到他们需要的那个自立的世界。

我看得出来，他们怀有信心，认为我不会再次让他们失望。当他们看到金色的太阳在天空启动，并且慢慢西沉到微笑之海时，他们得到了某种启示，似乎知道我为他们准备的是什么了。

模块 24
维护公正的工作场所

这一模块相关联的核心价值观是和平与公正，和平不只是避免暴力，同时也包括尊敬、宽容、信任、相互的理解、合作、公正和自由。正义是和平基石，其基础在于对人权普遍性的认可。

这一模块对应的相关价值观是公平，重心集中在通过采取适当的措施，克服各种不利情况，获得平等的结果。

【学习目标】

- 熟悉有关工作场所中公平和平等问题的国际文件。
- 将工作场所中的公正和平等区别开来。
- 认识确保工作场所的公正带来的利益和功绩。
- 探究现有的关于工作场所问题的价值观和态度。
- 列出那些能够保证工作场所公正的方法。

【学习内容】

- 国际文件，例如：
  ——国际劳工组织（ILO）的全球报告：《工作中平等的时代》（日内瓦，2003）；
  ——消除所有形式的种族歧视的国际公约；
  ——消除歧视妇女的公约；
  ——经济、社会、文化、权利的国际盟约；
  ——伤残人士机会均等的标准规则。
- 公平和平等之间的区别。
- 支持工作场所行动的措施。
- 公平的工作场所的特征。

【学习活动】

认知层面——知晓

1. 协调员邀请参与者熟悉有关工作场所公平和平等的国际文件。联合国有关公正与平等的国际文件包括：《世界人权宣言》、《国际劳工组织宪法宣言》、国际劳工组织全球的报告《工作中平等的时代》（日内瓦，2003）、《消除一切形式种族歧视国际公约》、《消除对妇女一切形式歧视公约》、《经济、社会、文化、权利国际盟约》、《残疾人机会公正化准则》。除上述国际文件外，许多国家和地区也通过立法来维护工作场所的公平与平等，消除歧视，保护劳动者的权益，比如美国反歧视法、各国的劳动法等。协调员向参与者提供上述文件的部分典型条款资料。

课堂提问：上述文件的主要思想是什么？

协调员总结：人人平等与对弱势者的公正是上述文件的共同主题。

2. 公平和平等的联系与区别。公正或者公平对应的英语单词是 Equity，平等对应的英语单词是 Equality。Equity 是指“fairness；right judgement；（esp，English law）principles of justice outside common law or Statute law，used to correct laws when these would apply unfairly in special circumstances”。公正是指“处理事情合理，不偏袒哪一方面”。所以，公平意味着价值判断与规范分析，隐含着“什么是好的、正确的，应该怎样”的含义。平等是指“人们在社会、政治、经济、法律等方面享有相等待遇；泛指地位相等”。在英语中，Equality 是指“the state of being equal”（相等的状态）。因此，平等意味着“相等，同样，无差别”的意思，而相不相等，相不相同，有没有差别，都是可以进行实证检验的。至于这样好坏与否，它本身并不具有这方面的含义。

公正并不等于平等。平等是相对歧视而言的，指用相同的观点看待他人而不论其种族、肤色、语言，民族或社会出身，社会经济地位，出生，性别，宗教信仰，政治或其他主张，与某些特殊人员或团体之间的联系，是贸易或劳工工会会员或参加其活动，年龄，病史，军役状况和怀孕情况，性倾向或性别偏好，残疾，身体或精神缺陷或疾病（例如艾滋病）等。

每个人在任何情况下，都应该获得平等与平等待遇。大量的国际文件都呼吁平等，呼吁为妇女、残疾人、少数民族或其他人提供平等就业机会、同工同酬等。然而，仅靠平等待遇和消除歧视还不足以纠正弱势群体所处的劣势地位，而且，这也不能保证弱势群体在教育、培训和就业方面能与强势群体获得平等的结果。

公正并不意味着同样的平等待遇，或者说平等的待遇并不意味着公平。为确保教育和职业的平等性，可以通过采取适当的公平策略来消除障碍和缓解弱势处境。换句话说，即使学生在开始接受教育时可能处于某种劣势，比如是由于语言障碍造成的，那么实现公正的方法也许就是通过提供额外的语言课程或其他额外的学习机会来尽量减少劣势，这样，在正常的教育与培训结束之际，他们的劣势已经不再明显。但是，如果仅仅像对待平常学生那样平等对待这些处于劣势中的学生，那么他们在受教育后很可能仍然处于劣势，他们的潜能也不可能得到全面的激发。

所以我们主张超越平等（Equality）的局限，达到公正（Equity）的要求。但现实社会中，总会有所谓的劣势人群。比如说，在应聘工作的过程中，每个人的起点都有所不同。每个人都有可能由于贫困、语言不同、被社会排斥、疾病、流离失所等原因处于多种劣势。有的人可能会经历多种劣势或累积劣势，如某些少数民族的妇女和儿童，由于冲突，被迫逃离自己的家园。国际劳工组织的全球报告《工作中平等的时代》（Time for Equality at Work）（日内瓦，2003）强调我们需要超出平等范畴，而且“有必要采取积极的行动措施，确保每个人站在相同的起跑线上，……当各群体间的社会经济严重不平等并源于过去的和社会的歧视时，尤其需要如此。”某些平权法案就是为某些弱势群体提供教育、培训和就业机会，帮助他们弥补差距，为他们从前无法进入的领域打开大门。某些国家甚至根据本国的人口组成制定工作岗位配额规定，例如公司中某些特殊的少数民族员工的比例必须达到某个水平。

3. 目睹工作场所不公平之怪现象。现在工作场所特别是在招聘方面，不公平的待遇随处可见。比如模块 3 所列举的：不因任何原因加以歧视，对女性、移民、难民或其他弱势少数民族人士的经济剥削，不公平的报酬，侵犯个人隐私，不公正的解雇等。而有些就业歧视甚至发展到畸形的地步。比如姓氏、属相、星座、籍贯、恋爱等都成为拒聘的原因。

工作场所的不公平问题集中体现在特殊人群上，如残疾人、女性、移居人口等。残疾人面临的不公平的待遇是社会上的歧视观念造成的，在健全人和残疾人都可以胜任的工作或者说两者可以相同数量和质量完成某项工作时，但用人单位更愿意招收健全人，即便是用人单位同意聘用残疾人，也会支付比较低的工资。现在用人单位多倾向于接收男性职工（特殊行业除外），重男轻女现象严重。而女性可能要面临的生育、家庭问题，都成为许多单位拒绝女性的原因，个别单位更是在和女性签定劳动合同时，增加多少年内不准怀孕等违反法律的内容。移居人口受到的不公正待遇也非常明显，比如有的单位要求应聘者要有常驻户口，不给外埠员工缴纳社会保险等。北京地区许多毕业生在就业时都有这样的感受：京男>外男>京女>外女，即京籍男生最受用人单位青睐，外籍男生次之，然后是京籍女生，最后是外籍女生。当然，不是说所有的户口限制都是错误的，但是单位在用人时要避免歧视外来人员。

4. 课堂发言：协调员请 3～5 名参加者列举身边的就业歧视事例，列举的事例类型要避免重复。

概念层面——理解

5. 课堂讨论：公正的好处和优点。有些人对公正与平权法案不满。他们认为那是不公正的，因为受益的人是别人而不是他们自己。他们宁愿生活在以“适者生存”为准则的社会里，这样他们才有更好的机会去利用形势让自己受益。在自由贸易全球化中，市场决定货物与服务的价格，这也是以“适者生存”为依据的。现在我们可以看到，正是这一经济现象加剧了全球的贫富不均。

协调员建立辩论台，第一方将谈到公正的好处和优点，并肯定在工作场所中采取的许多行动措施，尤其是有关妇女、残疾人或艾滋病感染者等弱势群体的措施。第二方进行反驳发言。第三方作为辩论的观察者。协调员对各种观点进行梳理和归纳。

情感层面——评价

6. 填写公平辩论表。辩论后，参与者被问到他们如何看待工作场所的公平问题的正反两方面的意见。参与者在公平辩论表“＋”栏中记下他们非常同意的意见，在“－”栏中记下他们强烈反对的意见。协调员给参与者适当的时间与其他人进行交流活动的结果。刚才辩论的参与者可以重新确立自己的选择。

7. 协调员总结：片面主张适者生存的人过于极端，或是为富不仁，或是缺乏社会责任感。以产假制度为例，单位不能只顾自身的眼前利益，而忽视对社会的责任。每个人都有权参与到他生活中的各个领域，并且能够获得相应的服务和设施，以帮助他们克服障碍，发挥他们的全部潜力。政府和社会要为劣势人群提供教育、培训和就业机会，帮助他们弥补差距，为他们创造公平的工作场所，所谓“天之道损有余而补不足”。

8. 如果有人对在工作场所中公平的价值持反对立场，协调员帮助参与者重新思考他们的信仰和观点。

活动层面——行动

9. 课堂讨论：协调员邀请4～6名参与者表述公平的工作场所应具有的基本特征。

协调员总结：每个人都应该明白保证工作场所公平的价值：工作场所或者工作环境的公平带来的利益和好处是人类的共生、和谐、肯定对人的尊重、对劳动的尊重，以及实现社会的可持续发展。

10. 协调员提问：协调员邀请3～5名参与者表述如何维护公正的工作场所。

维护公正的工作场所是系统工程，需要社会各方面共同努力。维护公正的工作场所要做到：

（1）消除就业歧视。既消除自己对别人的歧视，同时也要让别人消除对自己的歧视。要学会晓之以理、动之以情，讼之以法，保护自己在就业时不受歧视。但只依靠法律来解决就业歧视是不够的，还要通过各种渠道来转变用人单位的就业歧视观念。消除就业歧视是对“人的尊重”的深刻体现。

（2）同工同酬。公平的劳动报酬可以理解为付出的劳动等于获得的报酬，即按劳分配、同工同酬。长期以来，很多企事业单位注重身份，忽视岗位，同工不同酬的现象严重。许多职场人都有无偿加班加点的经历，有的单位也为支付较低的薪酬而延长员工的试用期，这都是违反法律和道义的。同工同酬体现的是对“劳动的尊重”。

（3）公正的培训和晋升机会。每个人都希望职业生涯能获得成功，这不仅需要丰厚的工资收入，还要有非物质性的报酬，比如得到培训和晋升的机会。但现在许多企业吝啬于员工培训的投资，忽视员工潜能和专长的开发使用，或是任人唯亲等。这样不利于全体员工和组织的长期发展，容易形成不健康的组织文化。

（4）平等的工作关系。学会重视和感激他人形式各异的贡献，这些贡献不论其具体形式如何，都会让我们受益无穷。每个平凡之人必有非凡之处，鼓励同事全面发展会让我们所有人不断受益。在工作团队里，如果我们能够让各人的长处与能力在团队工作的过程中相互补充，平等看待各种不同的技能素质与资质，那么这将给每个参与其中的人都带来满意的结果，最终会让整个团队有非凡的表现。

（5）关注特殊弱势人群。在维护公正的工作场所中要特别关注特殊群体的问题，比如说女性、残疾人和农民工等。关注女性工作的公正首先是要消除对她们的各种歧视，尊重择业权、生育权等。实现残疾人公平就业是社会的责任，要关注和关爱他们，不要歧视残疾人的人格，给他们平等的就业权利，要尊重他们的劳动，同工同酬，政府要给予他们更多的就业指导和便利，消除工作障碍，实现充分就业，这对他们本人和整个社会都不无裨益。关于农民工，社会要学会尊重他们，要给予公正的报酬，为他们创造安全的生产环境和良好的生活环境，切实解决好他们关心的问题，比如工资拖欠、工伤和医疗保险、子女入学等。

11. 协调员建议参与者制定“公正宣言”。这些宣言是否挂在嘴上并不重要，关键是要记在心里；是否写在纸上也不重要，关键是要落实到行动中。协调员向参与者提出挑战：将宣言落实到自己的思想、言论和行动中去。

【所需材料】

- 关于工作场所公平和平等的国际文件资料。
- 黑板和粉笔。

【建议读物】

《中华人民共和国劳动法》。

核心价值观六　可持续发展

模块 25

可持续的生活质量

这一模块相关联的核心价值观是可持续发展，包括为环境而奋斗，在本地、全国、地区和全球范围内平等共享社会经济利益、安全和满足，以及寻求个人内在平和及与他人的和平相处。只有当这种发展是连续的、非依赖性的，不仅惠及当代人，同时还能造福子孙后代时，它才称得上是可持续发展。

这一模块对应的相关价值观是公正地管理资源，即为了惠及当代人和造福子孙后代，需要爱护环境，明智地使用资源，以及平等地分享有限的资源。

【学习目标】

- 在可持续发展的意义上理解环境、社会与发展的相互依存关系。
- 发现由发展带来的各种环境问题。
- 审视这些问题的原因及补救措施。
- 作为一个资源的守护者，反思自己相关的生活方式。
- 走向可持续的生活方式。

【学习内容】

- 人口、资源、环境与经济社会发展的相互依存关系。
- 可持续的发展和可持续的生活。
- 环境问题及其原因和补救措施。
- 基于环境的行动计划。

【学习活动】

认知层面——知晓

1. 介绍概念：

（1）关心和保护环境是当今世界面临的最大挑战。

《参考消息》转载美国《外交政策》杂志中的一篇文章，作者预计在 2020 年地球人口将达到 75 亿左右。其中，中产阶级将占人口总数的 52%。人们的生活品质将大幅提升，在吃穿用住行等方面将消耗大量资源和能源，对地球环境有难以预料的影响。

（2）人口、资源、环境与经济社会发展的相互依存关系：

发展依赖于地球及其自然资源。资源通过人类的经济活动转化为人们的生活用品，保证人类的生存、繁衍和活动。同时产生出的生产垃圾和生活垃圾又有可能污染环境。环境状况影响着人类的生存与健康。人类的生存状况又作用着经济发展。

2002 年在约翰内斯堡召开的世界可持续发展峰会，将可持续发展扩大到“三个相互依存和促进的支柱”，把经济、社会发展与环境保护放在同等重要的位置，对当今世界面临复杂的、相互依存的问题进行了深刻的反思。

（3）真正的发展应该带来环境友好、和平的公正的和可持续质量的生活。我们只有学会关注这些问题，才能迎来可持续的发展。

为了发展要依赖于地球及其自然资源，同时还要有一个和平、公正的人与人之间的关系，这是研究发展对社会、环境的影响时的基本依据。

2. 我们现在面临的经济发展、社会进步和生态环境问题：

生活水平不断提高、人口继续膨胀、无计划的城市化和工业化都会大量消耗自然资源和各种能源。

如：水资源问题就是一个典型的例子。虽然地球 3/4 的表面是由水覆盖着，但我们能够用的水只占其中的 1%。地球上绝大多数的水不是咸海水就是南北极的冰川。今天的生产和生活对水的需求压力比以往严重得多，要珍惜每一滴水，每个人都要学会在日常生活中节约用水。

购物人潮制造出大量白色垃圾。我们在网上曾经看到这样的新闻：20 世纪 80 年代，一位日本游客看见北京居民对购物用的塑料袋用了洗，洗了又用时，肃然起敬。而今，记者在一些综合市场、自由市场调查发现，一个商户一天出售商品“送”出的塑料袋就有 200～800 个。这些塑料袋又“飘”到了什么地方呢？有记者报道：大兴南海子麋鹿苑发生了令我们痛心的事件。从 80 年代末至今大约有 10 多只麋鹿因误食塑料袋死亡。尸体解剖发现其中一只麋鹿的胃里竟然有 4 千克塑料袋。

镉是人体不需要的元素。但它与我们的生产和生活密不可分，被广泛用于电镀、油漆、颜料、电池、照相材料、陶瓷等行业。日本富山县的一些铅锌矿在采矿和冶炼中排放废水，废水在河流中积累了重金属“镉”。人长期饮用这样的河水，食用浇灌含镉河水生产的稻谷，就会得“骨痛病”。病人骨骼严重畸形、剧痛，身长缩短，骨脆易折。最严重的患者全身有 100 多处骨折。

无计划地砍伐森林会使生态环境遭到破坏。贫困、健康问题亟待改善。践踏人权、武装冲突等问题相互交织，影响着社会进步、经济发展，也影响着我们的环境。我们需要做出怎样的努力，才能使经济、环境、社会、人类相互促进、和谐共生，使人类获得可持续的生活质量？

概念层面——理解

3. 课堂讨论：

（1）这些社会、环境问题存在的原因是什么？

（2）开发利用人力和自然资源的理由是什么？

（3）人们生活不平等和发展不可持续的根源是什么？

4. 可能包括的原因：①人类被经济发展的大好形势所蒙蔽，以往没有认真地、仔细地思考过这个问题；②基本生活需要；③贫困、贪婪；④消费主义；⑤短期行为，等等。

情感层面——评价

5. 穆罕默德·甘地的一句名言："地球对于每个人的需要都是足够的，但对于任何人的贪婪却是不够的。"

6. 问题讨论：

你真正关注我们的环境吗？你把自己看做是环境的守护者吗？

7. 填表：列出你想购买、消费的所有物品：然后把所列出的物品分类，填入下面的表格中。

我目前的生活方式

基本需求	舒适性需求	过分奢侈要求

注：基本需求：一个人生存的必要条件。
舒适性需求：我们获得舒适生活的重要条件。
过分需求：由过分的欲望追求而产生的需求。

根据所填表格进行分析：

（1）消费方式反映了我们什么样的面对环境的态度？

（2）你有较高和过分的需求吗？会给环境带来什么影响？

（3）对自己目前的消费方式做出判断和认识。

（4）为了成为一个友好环境的看护者，我们如何改变目前的消费方式？

（5）从生活方式、思想观念上反思你对环境保护、关爱的程度。

（6）改变了的生活和消费方式，是提升还是降低了对环境的关爱和保护。

（7）扩大思考范围，所有人类行为都将会对社会、经济、环境有积极或消极的影响。

活动层面——行动

8. 为保护环境，我们应该做些什么？

（1）加强法律体系和相关配套制度的建设。

（2）终结传统的经济增长模式。

（3）全球化环境管理：绿色贸易、全球环境监控。

（4）加快发展循环经济，建设资源节约型社会。

（5）改变不合理的消费方式：重复建设、无序建设、炫耀型消费、浪费型消费、公款消费等。

（6）举例说明我们能够做什么？（5R 途径）

① 拒绝（Refuse）：拒绝那些损害环境的不必要的商品与服务。

如：固体废弃物减量：塑料袋、一次性餐盒、木筷。

② 减少（Reduce）：减少不必要的商品与服务消费。节约能源和资源。

如：利用自然能有效提高城市环境质量。使用节能灯照明、减少空调使用率等等。

③ 再利用（Reuse）：物品的回收再利用，可减少对新产品的需求，从而降低对自然资源的消耗。

如：回收旧瓶子、旧塑料。复印纸双面使用。垃圾焚烧供热。

又如：欧盟指令要求每件电器回收率为其平均重量的 80%。西门子家电实现的可回收率大于 95.45%。欧盟指令要求的再利用率为 80%。西门子家电实现的再利用率大于 84.8%。

再如：瑞典的法律规定：所有生产进口包装和包装产品，以及销售产品的企业都有对包装进行回收利用的义务。废纸箱、废轮胎、报废汽车和废电子电器产品、办公用纸、塑料和废旧电池等都包含在其中。这是企业应该履行的责任，更是为了公共利益而应该承担的义务。

④ 修理（Repair）：修理物品。

如：修理旧家具、废物利用、节约开支，且不会损害生态环境。

⑤ 循环利用（Recycle）：循环利用物品，确保它们通过其他形式被再利用。

如：废纸再加工为纸板或手工纸。

（7）让学生思考并收集一些典型事例：在我们身边发生着哪些破坏环境和保护环境的事例。通过思考和活动使每个人逐渐成为一个环境守护者，走向更加可持续的生活方式。我们要培养良好的生活习惯，建立科学的生活方式。做一个资源守护者、环境爱护者。在和平、公正的社会环境中，在可持续的发展中，共享地球。

【所需材料】

- 纸和笔。
- “我目前的生活方式”表。

模块 26
可持续发展的工作场所

这一模块相关联的核心价值观是可持续发展，包括为环境保护而奋斗，在本地、全国、地区和全球范围内平等共享社会经济利益、安全和满足，以寻求个人内在平和及与他人和平相处。只有当这种发展是连续的、非依赖性的、不仅惠及当代还能造福子孙后代时，它才称得上是可持续发展。

这一模块对应的相关价值观是未来导向，即在思考问题、做计划和解决问题时，要有一个积极的、长期的部署与安排，要考虑到目前的行动和决定对未来社会和环境的影响。

【学习目标】

- 找出在一个工作场所中起作用的工作观念。
- 把个人的观念与两种不同的管理风格作比较：机械的和社会生态学的。
- 讨论不同的管理风格对工作场所可持续性的影响。
- 通过促进工作场所可持续性行为来实现未来导向。

【学习内容】

- 机械的和社会生态学的管理风格。
- 可持续性和未来导向的概念。
- 工作场所中的可持续性实践。

【学习活动】

情感层面——评价

1. 讨论我们现在起作用的一般的工作态度是什么?
阅读小故事：

有人问三个砌砖的工人：“你们在做什么呢？”
第一个工人没好气地嘀咕：“你没看见吗，我正在砌墙啊。”
第二个工人有气无力地说：“嗨，我正在做一项每小时 9 美元的工作呢。”

第三个工人哼着小调，欢快地说："你问我啊朋友，我不妨坦白告诉你，我正在建造这世界上最伟大的教堂！"

继续讨论我们自己最有可能是哪一种人？

2. 概念分析：什么是工作场所？是工厂？是车间？是田间地头？是空间站？

分享参与者的思考结果，协调员提出自己的看法，以供参考："当然包括这些啊，但似乎远不止。对于我们人类来讲，可以说，最小的工作场所就是我们的身躯，甚至是某一个器官，某一个细胞，最大到我们的工作学习场所、我们的城市、我们的国家到我们赖以生存其间的地球以及人类探索活动能够到达的外空。"

参与者表达对协调员观点的看法。

3. 观看一组图片，分组讨论下列问题：

（1）看了以上图片，你有什么感想？

（2）以上图片的内容与我们的课程主题有什么联系？

（3）界定上面几组画是主体还是客体大自然的自然属性或/和社会属性的不持续?

- 中国古代的朝代更迭。
- 庞培城的毁灭。
- 楼兰古国的消失。
- 曾经遭受日本侵略的中国。
- 已经灭绝的物种。
- 美国世贸大楼遭受的袭击。
- 据报载，生产瑞士手表的设备在中国却生产不出瑞士表的质量，瑞士手表一度以全球3%的数量却占据63%的销售额。

（4）是什么原因导致了这些主体或客体的不持续？

（5）参与者分享协调员的小结：

可持续的工作场所，反映了主体人和客体自然界通过时间和空间两个维度产生的相互关系。其中，工作场所是空间的维度；可持续是时间的维度，一个可持续的工作场所是指该客体的自然属性的延续，或是指其社会属性的延续。当然如果主体人不持续（自然属性地以及社会属性地），我们也可间接认为是工作场所的不持续。

行为主体或客体的不持续反映了主体思维的缺陷，或是故意的，或是过失的，但无论如何都是应该反思和应该避免的。

阅读短文：

管理风格提升的时机把握①

公司领导者的工作作风往往决定了一个公司企业管理文化和运作效率。如何选择合适的管理风范，影响着公司的成败。

群牛与群雁

国内企业尤其是私营企业的领导往往习惯于事必恭亲，"一言堂"。凡是都需要他来计划、组织、指挥、协调及控制。把公司运作得像一群"野牛"，领导者成为唯一的首领，首领走向何方，忠实的"群牛"就跟随到何方，一旦首领不在，"群牛"就会等待，直到

---

① 2008/1/22/07:18　来源：中国营销传播网。

新的首领出现。在许多类似野牛群的组织中，成员只会去做首领所交待的事，其他一概不管。领导在时，规规矩矩；领导不在，一盘散沙。市场变化时，只会静观其变，等待下一步的指示。

在中国一讲到海尔，你会想起张瑞敏；一讲到三九集团，你会想起赵新先。这样的公司，所有的责任都将归属于公司领导者，一旦领导者不能强有力地领导企业，在激烈的市场竞争中，企业就会溃不成军。

与此相反，我们在外企和管理成熟的企业中看到的，是一群既负责任又能相互依赖的员工。正如群雁一般，他们以 V 字型编队飞行，其中的领航权时有更替，但无论哪只雁领航，群雁都是沿既定方向飞行，每只雁都能够在整个行动中扮演相应的角色：领导者或跟随者。在领航雁形成的气流后面，所有跟随者都能节省 20%体力。一旦领航雁累了，就会有自愿者接替它，继续以 V 字型飞行。在这样的组织中，每个员工都能够自主地发挥能动性，无论领导者在不在，都能够沿着公司的目标而努力工作。

联想、海尔、三九集团都是中国知名企业，这三个企业的管理模式和风格却有很大差别。海尔、三九是群牛式（集权式）领导体制。在海尔，张瑞敏是一言九鼎；在三九，赵新先是一人拍板说了算。而联想则是群雁式（民主式）的领导体制。在联想，柳传志作重大决策时，一般会和副总及部长们交流和沟通，而且他还有一个做法，一旦一把手和副总发生矛盾的时候，首先要听副手的意见，而不是一把手的意见。在联想看来，主管副总最了解有关情况，所以由他首先做出决策。

那么，为什么在不同的企业，管理风格竟会有如此大的差别？是不是所有的企业都应该用群雁式管理呢？

……

思考：我们每一个人是在什么样的家庭风格、学校风格、社区风格和国家风格中长大的？并联系现实，参与分享经历。

协调员邀请参与者回忆一个特定的环境或地方，那里可能是他们学习过、工作过或者参与过社区活动的地方。协调员要求参与者给出那个工作地点的特征。

4. 在参与者回想后，协调员考察这是否是他们理想中的好场所。如果不是这样，参与者可以按照理想的模式提出改进的意见。他们可以把理想工作场所的特点记录在一张纸上。

5. 协调员向参与者提出一个挑战，要求他们用一个比喻来总结他们的感受。

6. 参与者被分为 4 人一组，交流、分享他们的研究结果。

7. 协调员引导参与者思索下列问题：

（1）一个理想的工作场所的一般特征是什么？

（2）什么是其独到的特征？

（3）根据你原有的价值观和信念，你所想象的理想的工作场所是什么样的？

认知层面——知晓

8. 协调员把参与者的反映和当前在管理实践方面的反思联系起来。协调员谈到在商业和组织方面所产生的深刻变革。其中一些重要的转变包括：从机械系统到生命系统的转变，从系统控制到系统学习的转变；自觉组织、参与和合作、灵活和内涵、信任和自治以及社区意识。协调员讲解下列两种管理风格：

机械型管理	社会生态型管理
目标导向	趋势导向
产品导向	过程导向
控制变化	促进变化
关注单一变量和局部	关注各种关系和全局
偶然关联意识	危机意识
基于权力的等级体系	各层级的领导力和自我管理
命令和控制	民主的和参与的
垂直组织结构	扁平和整合的组织结构
同“外部”系统进行干预	来自内部、与内部系统合作
对预测感兴趣	对可行性感兴趣
问题——解决	问题再定位和改进形势
适应性学习	适应性、创造性和批判性学习
外部评估	自我评估和支持
定量的指标	定量与定性的指标
计划	设计
封闭的	开放的

9. 协调员给参与者一些时间，让他们把上述管理风格与自己原先理想中的工作场所作对比，对管理风格进行深入思考。

概念层面——理解

10. 协调员鼓励参与者在小组中讨论每一种管理风格的特点，可以采用《管理风格表》（见本模块“附录”）来回答，两种管理风格看起来如何？感觉如何？听起来又如何？

11. 经过一段讨论，协调员将话题引向组织的未来导向和可持续发展。举例来说，梅道斯描述一个可持续发展的社会是“一个世世代代相传的、富有远见的、足够生活和足够明智的社会，她决不允许自己的自然体系和社会体系的支柱有任何动摇”。国际教育和价值观教育亚太地区网络对未来导向的定义是“在思考问题、计划和解决问题时，要有一个积极的、长期的部署与安排，要考虑到目前的行动和决定对未来社会和环境的影响”。

阅读报道：

“十七大”代表谈永续发展：“头脑中要多一根永续发展的弦”①

新华网北京 10 月 20 日电（记者李斌、顾瑞珍）“十七大”报告在谈到深入贯彻落实科学发展观时强调指出“必须坚持全面协调可持续发展……使人民在良好生态环境中生产生

① 2007 年 10 月 20 日 16:14 来源：新华网。

活，实现经济社会永续发展。”永续发展概念的提出，在“十七大”代表中产生了共鸣。

通过阅读，协调员请求参与者考虑有哪些工作场所实践可以促进以未来为导向的可持续发展。

活动层面——行动

12. 协调员向参与者提出挑战性，要求通过促进工作场所的可持续发展的实践来实现以未来导向的思想。

13. 协调员指导参与者形成一组可持续工作实践的原则，并可以考虑用下列的形式：

——一个可持续的工作场所的重要基础是……

——在一个可持续的工作场所中要评价的是……

——可持续的工作场所支持……样的实践

——这些可持续的工作场实践提升了……

14. 确定这些原则后，参与者将其记录在纸上并进行张贴展示。

【背景材料】

1. 管理风格的两个 R[①]

大多数经理人的管理风格都可以分为“协调型”或“命令型”，都以英文字母 R 开头。协调型经理人注重和每一名下属建立良好的工作关系。命令型经理人注重结果、成绩、质量、精确、创新、服务和赢利能力。出色的经理人应该有能力做好“协调”和“命令”，并且知道何时选择合适的管理方式。

杰克在《财富》500 强的一家大公司担任品牌经理。他的资历一流：MBA 学位，在顶尖咨询公司的两年工作经历，工作评价出类拔萃。在公司里，杰克被认为有能力在规定时间内完成任务，在财务预算范围内完成项目，具备杰出的市场营销能力。他的第一项任务是进行产品线的延伸，进展顺利。他制定了创造性的策略，和团队一起，与公司的广告、促销代理紧密合作，销售业绩突飞猛进。

但是，竞争对手在经过周密的试探性营销和新品展示活动之后，以低价位推出了类似的产品……蚕食了杰克所在公司的市场份额。杰克的反应是发动其团队和代理商一起努力寻找对策。几天后，杰克对他们提出的方案都不满意，决定自己来完成这件事。他夜以继日地工作了一个星期，想出了一个新策略。尽管他的直接下属总体上认可该方案，但他们还是注意到了明显的缺陷。团队中的两名成员已在品牌部工作多年，他们比杰克更熟悉市场情况，向杰克指出了存在的缺陷。但是杰克对此充耳不闻。

这个方案实施后，并没有达到杰克和公司的预期目标。该事件还极大地损坏了杰克和下属的关系，因为他们确信，除非他们和领导的观点一致，否则领导是不会听取他们的意见的。

从本质上来讲，像杰克这样的管理者都有强硬的一面，尤其在压力下，他们就自动地转向独裁的管理方式。

---

① 来源：中科软件园 http://www.4oa.com/office/748/935/200511/62401.html；发布时间：2005-11-23 0:13:40；作者：Peter E. Friedes。

两种管理风格

大多数经理人的管理风格都可以分为“协调型”（Relating）或“命令型”（Requiring），都以 R 开头。协调型经理人注重和每一名下属建立良好的工作关系，认为融洽的关系对提高工作效率和取得良好业绩是必需的。在许多情况下，协调型经理人被一种理想所激励：他们愿意帮助别人成功。结果，在他们的指导下，下属表现卓越。协调型经理人说话做事不会单纯为了满足下属的短期需要。他们的眼光更注重长期的、更本质的东西：不仅帮助下属在目前的工作中取得成功，而且要为他们将来的角色做准备，其中的一项准备工作就是培养下属的技能。

与此相对应，命令型经理人注重结果、成绩、质量、精确、创新、服务和赢利能力。他们相信认真监控才能获得高质量。做好工作会得到赞颂，有差错就得从头再做。他们专注于设立时间表和目标，努力完成计划。如果结果超过预期目标，他们会很高兴。他们为努力工作和个人取得杰出成绩感到自豪。

出色的经理人应该有能力做好“协调”和“命令”，并且知道何时选择合适的管理方式。当成为一名 2R 经理人后，就具备了在动荡环境下发挥高效的能力。无论现在还是将来，你会不得不处理各种各样的冲突，面对你以前从未考虑过的多种复杂情况。比如说，你如何对待那些天才的技术人员，他们独特的工作方式和你相冲突怎么办？如何管理一个虚拟的团队？如何处理跨越职能范围的关系？如何处理与“外来者”的关系？他们是不断扩大的合作者网络的一部分。外包浪潮和电子商务正把经理人推向一个陌生的环境。

六种应对场景

同时掌握“协调”和“命令”技能的 2R 经理人在处理问题时能够做到游刃有余。尤其在以下六种场景中，2R 技能是很有帮助的。

新员工加入团队。2R 经理人通过采用“协调”和“命令”两种方式使得管理更加简单，他们和新员工会谈，建立起和谐的关系，对新员工提出期望，并反复强调团队和企业的目标。如果一开始他们就“俘虏”了新员工的心灵和头脑，就更容易留住他们，员工表现更佳，管理起来事半功倍。

经理人要让成员感觉到整个团队都在为一个共同目标而奋斗，最重要的措施是始终尽可能多地与下属分享信息。没有比经理人与下属分享信息更能培育归属感的了：经理人获知信息后就告知下属，或者就目前正进行的工作向下属征求意见。

期望值管理。在很大程度上，期望值决定着工作的满意度。在前期（招聘阶段）吹嘘过度，以后就有失望的风险。如果太过谦虚，又可能吸引不到人才。期望值应该既有吸引力，又要贴近现实，以保持长期的满意度。

期望值管理应尽早进行，以免出现误会。如果经理人知道他的一个下属期望升职，但事实上没有机会，他应尽快将此信息告诉他，而不是推迟。他可能说：“我听说你希望在年底得到提升，我也认为你工作得不错，有希望升职，但估计不会那么快，我不想你失望。”员工当然不乐意听到这个消息，但他宁愿现在知道，而不是到年底。一个人期待某一事物的时间越久，如果最后没有实现的话，那么失望就越大。2R 经理人应该选择“长痛不如短痛”。

“协调者”在处理人际关系时，应提防不要走到“皆大欢喜”的老路去。在沟通过程中，尽可能做到坦诚相待，而不是编造信息，使人们的期望值过高。“命令者”应该对下属的期望值保持敏感。如果过分吹嘘，经理人可能不会意识到他们做出的承诺，员工会对此失望。过分谦虚的经理人对不利条件有充分认识，但他们未能注意到员工对任务的需求，而这些任务都有回报的。把工作任务描述成可怕的负担会导致不同的预期，但这同样具有破坏性。“命令者”在破灭别人的期望时要三思而行，因为期望对员工的重要性远比经理人想像的要大得多。

授权。经理人在授权后，必须信任他人（协调型），同时对工作进程保持一定控制（命令型）。授权的有效性由许多相关因素决定，首先是项目本身的性质。需要什么样的技能？你需要的人应具备多少经验？如果你过去给这个人委派过任务，完成得如何？还需要其他人介入吗？

假定你给这项工作选择了合适的人选，主要的问题就是在授权过程之初如何沟通。如果这个步骤完成得很好，那么整个项目就很可能会成功。

本质上是“协调型”的2R经理人需要避免的两个问题：一是在开始时不知道想要什么；二是没有跟进以确保工作顺利进行。他们可通过以下方式克服这两个问题：正确阐明工作内容、工作或项目的预定结果。项目开始时就明确无误，有利于经理人监控项目进程。

本质上是“命令型”的2R经理人应该注意自己的控制欲。不要把时间和精力集中在监控员工身上，而是应指出完成多少工作量之后，再进行讨论。确信项目按计划进行，命令型经理人可以轻松一下，而不要事必躬亲。

决策。在“参与式管理”中，2R经理人对“参与”和“管理”同样重视。在决策前，他们都鼓励他人参与讨论，这样会产生更多、更好的观点。他不会独断专行，也不会在决策前力求达成共识。他作为决策者的优势在于他有更多的替代方案可供选择。此外，他还让那些最终的决策执行者参与到决策过程中去。即使他们的意见没有得到采纳，但至少有机会发表意见，这会让他们感觉自己也对决策做了贡献。

在“参与式管理”中处理“坏”意见是一个挑战。当有人向“命令型”经理人提供建议，如果他认为不可行，他直接的本能反应就是拒绝接受，并且解释为什么不行。这种处理方式很无礼，今后员工在提供意见时会“三思而后行”。而2R型经理人会首先询问提出建议的人：“你想用这个方法解决什么问题呢？”关键是，你要首先听取别人的意见，更多地了解别人的想法之后，再发表你的看法。

教导。对经理人来说，像教练那样不断指导并给予反馈是件困难的事。通常，经理人和员工的目标是相互交错的：经理人想提供建议改变员工，而员工希望得到鼓励。为了解决这个难题，2R经理人应该给员工真诚的鼓励，同时也要指出在某方面的改进会更有助于员工的成功。

这里有一个典型的训练机会：你手下的一名有才能的员工经常把事情往后推，直到非常紧急为止，有时会过了最后期限，而且也没有多少剩余时间用来检查和回顾。这就造成许多严重的后果，比如说客户对此非常恼火。除非这名员工改掉这个坏习惯，否则他的工作是让人无法接受的。为了有效地训练他，你应该引导他完成以下的几个步骤：了解他的行为造成的后果；决定要改正；制定计划；采取行动；得到反馈；跟踪整个改进过程。

在开始这些步骤之前，你首先应该开诚布公地与他讨论：“我注意到有些东西限制了你，我想和你谈一谈。”然后用一两句话点明主题，独白不要超过一分钟。接着问员工是否认识到错误。你应该在交谈之初，了解清楚这个问题对他是个意外，还是他早就知道。如果是后者，你可以问他是否知道自己行为的后果。最终目的是问他是否愿意做出改变。

管理业绩不佳者。所有糟糕的业绩你都必须正确面对，不仅是因为某个人工作不力，也因为你的整个团队都迫切需要你来处理这个难题。如果不及时消除，负面影响会进一步扩散。很明显，这需要一种“命令式”的技巧。“命令者”可以按照他们的一贯风格处理业绩不佳的员工，但是必须记住要尊重员工，要以优雅的、而不是愤怒的方式解决问题。

“协调者”首先会要求员工做出改变，并且阐明非改不可。如果员工对上述努力没有回应，经理人可以直截了当地说：“如果你再没有明显的进步，从今天开始，我得请你离开。”在这过程中，明白了“一颗老鼠屎破坏一锅汤”的道理，“协调者”也会立场强硬。表现差劲的员工，不值得留在团队里。

在认识到你具备成为一名经理人的潜质后，你应继续培养对别人行为的敏锐观察力。集“协调”和“命令”为一身，你对别人行为理解得越多，你成功的机会就越大。更有甚者，你可能给团队中那些未来的经理人留下一笔宝贵“财富”，对企业的成功做出贡献。

2. “十七大”代表谈永续发展：“头脑中要多一根永续发展的弦”①

新华网北京 10 月 20 日电（记者李斌、顾瑞珍）“十七大”报告在谈到深入贯彻落实科学发展观时强调指出“必须坚持全面协调可持续发展……使人民在良好生态环境中生产生活，实现经济社会永续发展。”

永续发展概念的提出，在“十七大”代表中产生了共鸣。

“十七大”代表、山西潞安集团有限公司董事长任润厚说：“从快速发展到加快发展，从又快又好发展到又好又快发展，从安全发展到永续发展，这一系列发展表明我们党关于发展的思想正在科学发展观的统领下一步步深化，发展的内涵和目标更加明晰，科学发展的信念和信心更加坚定。”

任润厚代表长期在煤炭战线工作，资源型企业面临的危机使他对永续发展深有感触：“山西的煤矿普遍都挖了 50 年以上，还有多少煤可以挖？还能挖多少年？对于煤炭企业、煤炭行业来说，永续发展问题更为突出、更加紧迫，也更加重要。”

正是基于对长远发展、长远生存的考虑，山西潞安集团近年来围绕和谐发展、绿色发展的要求建设花园式矿区，煤矿变美了，变靓了，同时大力发展煤制油、高纯度多晶硅等项目，还到外地重组当地煤炭企业，带来 210 亿吨的优质煤炭资源，大大增强了企业可持续发展能力。“我们必须走科学发展、安全发展、绿色发展、集约高效发展和可持续发展之路，最终像“十七大”报告提出的那样，实现经济社会永续发展。”任润厚说。

“其实，对于类似的资源型城市来说，永续发展问题也十分突出。”任润厚代表认为，永续发展理念的提出针对性很强，当前一些矿区不顾长远，滥采乱挖，严重影响了可持续能力；一些领导干部只顾自己任期内的事情，只顾当前利益和短期利益，竭泽而渔，损害了长期发展的能力。“各级领导干部头脑中要多一根永续发展的弦，作出决策前，先想想是否有利于科学发展，能否实现永续发展？”

谈起永续发展，贵阳市委书记李军代表说：“我们的 GDP 可能比不过其他一些城市，但是我们的生态环境和宜居环境，用再多的 GDP 也是换不来的。”

“保住青山绿水也是政绩。”他说，有科学发展观的指引，有环境立省战略的支撑，有先进地区的经验教训可供借鉴，贵阳完全可以在促进开发和生态保护上做得更好一些。“我们决不能以浪费资源、污染环境、危害人民群众生命健康为代价谋求一时之快，而要做到科学发展、永续发展。”

---

① 2007 年 10 月 20 日 16:14 来源：新华网。

模块 27
可持续发展社会的新道德

这一模块关联的核心价值观是可持续发展，包括为社会经济利益而奋斗，在家庭和社区共享安全和满足，使自己和其他人都有一种普遍的安康感。只有当这种发展是连续的、非依赖性的、不仅惠及当代还要造福子孙后代时，它才能称得上是可持续发展。

这一模块对应的相关价值观是职业道德和勤奋。即激励人尽最大努力去生产有用产品和服务的动机，这一方面是发挥自身潜力的途径，同时也是有助于他人的方式。

【学习目标】

- 认识到当前的环境危机。
- 对延续传统生产模式的危险进行再认识。
- 看到生产部门与环境的内在关联性。
- 面对这些方面的问题确定个人的立场。
- 在创造一个更加可持续发展的社会中实行新的道德体系。

【学习内容】

- 可持续发展的概念。
- 道德思考的新范例，如“捕获猴子的寓言”。

【学习活动】

认知层面——知晓

1.“可持续发展”概念提出的背景

第二次世界大战之后百废待兴、百业待建。世界各国以传统的经济发展模式追求经济的快速增长。社会生产力得到极大提高，经济规模空前扩大，人类创造了前所未有的物质财富，大大推动了人类文明的进程。

但是，由此也引发了一系列负面影响，传统的发展模式使自然资源被过度开发和消耗，导致全球性的资源短缺。污染物质无限制地大量排放，导致环境被污染和生态被破坏。环境问题危及到人类的生存和发展，人类开始积极反思，努力寻找新的发展模式，于是“可持续发展”这一新的发展模式应运而生了。

2. 概念的确定

1987 年世界环境与发展委员会提出了长篇专题报告《我们共同的未来》中广泛使用可持续发展一词。1989 年第 15 届联合国环境署理事会，通过了《关于可持续的发展的声明》。这些文件对可持续发展作了定义。

可持续发展是指：“既满足了当代人的需求，也没有损害子孙后代满足他们需要的能力。”在 1992 年联合国环境与发展大会上，这一概念得到了广泛的接受和认可。

3. 概念提出的目的

这一概念提出的目的是要平衡两种道德需求。

第一个需求是为了“发展”，包括经济发展或经济增长。以此来满足人们的利益需求和生活质量的改善。

第二个需求是为了“可持续的能力”，即为子孙后代的利益考虑，我们不能为了眼前的利益而透支未来。

两个道德需求可能会发生冲突。因为经济的增长和发展是威胁自然环境的最主要原因。但概念的提出者相信这两种需求是可以平衡的，可以找到政策使两者都达到一定的满意程度。

概念层面——理解

4. 资料：经济发展带来的负面影响（举例）。

（1）水污染：水资源是人类社会生存和发展重要的基础性自然资源和战略性经济资源。其重要作用可见一斑。

① 长江污染面临 6 大危机，10 年内可能变成“黄河”。

②《花朵抗拒污染》(图片)。

③ 河南癌症村。

④ 渤海污染状况。中国海洋监测专家曾警告：渤海的环境污染已经到了临界点，必须遏止污染的蔓延。否则渤海就会变成“死海”。那时，即使不向渤海排入一滴污水，单靠水体交换恢复清洁，至少需要 200 年。

（2）沙尘污染：

2002 年春，北京一场沙尘暴，人均分摊 3 千克尘土。

2006 年春，沙尘暴遮蔽新疆、内蒙古、甘肃三省。

案例导入：

《哭泣的草原》[①]

在越来越强烈的沙尘暴面前，骆驼也没有办法抵抗。被打瞎眼睛的骆驼，由于看不见草，结果只有被活活饿死。母骆驼的营养不良，使小骆驼生下来就极度虚弱，腿软得站不起来。只要小骆驼死了，母骆驼也会跟着死去。

在没有草的草原上，山羊不仅吃光了地表草，还掘草除根。最后，断草断粮的山羊开始羊吃羊。

所有人的五官里都灌满了沙子。不要擤鼻涕，鼻孔内沙子需借用矿泉水慢慢洗出，否则

---

① 2004 年《读者》。

毛细血管就会破裂。

有的当权者急功近利，有的企业唯利是图，牧民要养家糊口。有限的草原资源在人的贪欲下被掠夺殆尽。2001 年，某著名羊绒衫厂的理想是，10 年创汇 100 个亿，要发展成世界最大的羊绒衫厂。考察者卢彤景敲打着他拍的照片，情绪激动地说：“羊绒衫厂，你要牺牲多少自然换取经济利益？而你能用多少经济利益恢复或保持自然平衡？”

现在，欧洲基本不养山羊，美洲不大量养山羊，澳大利亚也不大量养山羊，连非洲都不养，亚洲的日本、韩国都不养，只有中国，在大量地养殖山羊！

现在的草原，没有了一点生气，昔日的万峰驼乡现在已经人烟荒芜！还有什么可以生存？草原啊！哭泣的草原！

问题：请参与者静思：穿上这样生产出来的羊绒毛衣你有幸福感吗？

（3）家电污染：彩电、冰箱、电脑、手机等等。

（4）废气污染：汽车尾气排放。有害霉菌。汽车自身污染。

2001 年，中国室内环境监测中心曾针对车内空气污染问题进行过调查，随机抽检了 100 辆轿车，发现 90%存在车内空气污染。深圳市计量质量检测研究院、广州中科环境检测中心、南京大学室内环境分析中心等国内权威检测机构的随机抽检表明：参照室内空气质量标准，有近九成的汽车存在车内空气污染问题。

（5）其他污染：“白色垃圾”、消费品的过度包装等等。

（6）资源危机：联合国警告，灾难正在形成——全球大河半数“濒死”。

联合国发表研究报告：湿地破坏是禽流感爆发的主要原因。

中国煤水电气油等大多数资源的人均占有量低于世界平均水平。

5. 课堂讨论：探究造成这种情况的原因。

（1）利益驱使。

（2）违背自然规律的发展方式。

（3）传统的经济增长模式——粗放经营。

6. 通过寓言故事引发思考：

如何捕捉猴子

——一个关于增长和发展的寓言

剥开一只椰子，在其顶部打开一个洞并填入大米。

找一个合适的地方，把椰子果楔在两块顽石之间，使其顶部明显暴露出来。

用一条铁链一端连接椰子，另一端牢牢地固定在地面上。

这个洞的大小要合适，使猴子的爪子刚好可以伸进去，但当它抓住一把米形成一个拳头时就出不来了。

如果猴子不忍心放弃一些米，那么它就被锁无疑。

如果猴子松一松爪子，少抓一些米，它就即能吃饱又能不失去自由。

问题：你愿意抓得松一点儿，只索取你需要的吗？

情感层面——评价

7. 通过了解事实和深入的讨论，由学生填写《价值评价表》的方式表达自己的立场和态

度。（可分为 3～5 人一组讨论交流观点）

《价值评价表》：理解你自己

（1）你工作挣钱的基本目的是什么？

- 走出家门。
- 为基本生计挣钱（养家糊口）。
- 支付账单然后再购买尽可能多的物品和体验。
- 为了未来攒钱。
- 提升我的专业，做我接受过培训的职业工作。
- 为其他人和社会作贡献。
- 其他：__________。

（2）你选择所从事工作种类的原因是什么？

- 跟着自己感觉走。
- 根据我们接受的教育做我们的工作。
- 只是为了有保障，除此之外我不知道还要做什么？
- 我的家庭期望我做此工作。
- 这工作有趣，有挑战并有用。
- 我想做出自己的贡献。
- 其他：__________。

（3）你愿为保护环境而生存吗？观念有什么变化？

- 没有什么，我最关心的是照顾我自己。
- 任务分担，部分时间工作或减少收入。
- 在我公司变换发展道路。
- 如果我公司的产品、政策或行为危害环境我将变换工作。

（4）在社会活动中，你愿意和别人共同分享经济利益吗？

- 真心愿意。
- 看具体情况，视具体人和具体事而定。
- 只要是属于我的正当利益所得，没必要和别人分享。
- 说不清楚。
- 其他：__________。

8. 讨论：

（1）自己在工作中的态度和价值观对可持续发展社会的作用是密切，还是关系不大？

（2）人类的一切活动都可以归结到道德层面上来。你们认为什么样的道德能支持可持续发展的社会？

（3）请大家清楚地表达出一种新的职业道德，而且这种道德应该包含对可持续发展社会的考虑（说出我们的信仰、立场和态度）。

活动层面——行动

9. 加强舆论宣传的力度。

10. 制定相关法律、法规。

11. 转变思维方式。

12. 积极推进经济增长方式的转变，即由粗放经营向集约经营转变。

13. 发展循环经济。

14. 树立科学发展观：我们必须坚持以科学发展观统领经济社会发展全局，促进经济发展与人口、资源、环境相协调。

15. 审视一下：通过学习我们的立场、态度和信仰是否向积极的方面转化。

【所需材料】

- 讲述寓言故事的辅助教具。
- 价值评价表。
- 纸和彩色水笔。

模块 28
保护和促进多样性

这一模块相关联的核心价值观是可持续发展，包括为环境保护而奋斗，在本地、全国、地区和全球范围内平等共享社会经济利益、安全和满足，以及寻求个人内在平和及与他人和平相处。只有当这种发展是连续的、非依赖性的、不仅惠及当代还能造福子孙后代时，它才能称得上是可持续发展。

这一模块对应的相关价值观是负责任，即对组织和团队分配的任务、行动路线负责的能力。

【学习目标】

- 认识生物多样性和文化多元化受到损害的事实。
- 再认识生物多样性和文化多元化之间的紧密的相互依存关系。
- 关注多样化缺失带来的严重后果：我们的后代将可能无法满足他们自己的需求。
- 区别个体和公司在多样化缺失中的责任，特别是跨国公司的责任。
- 认识保存和促进多样化的新责任。

【学习内容】

- 有关可持续发展需要的生物多样性和文化多元化的事实、数据和文件。
- 保存和促进多样性的价值观。

【学习活动】

认知层面——知晓

1. 学习圣雄甘地的名言：“我不想让我的屋子四面围墙，门窗紧闭。我希望我的屋子能沐浴着各地文化的自由之风，但我拒绝迷失其间。”

思考：

（1）从历史到今天，中国对世界有哪些贡献？在我们的生活中，哪些是来自外国对我们中国的贡献？

（协调员补充：阿拉伯数字、汽油、棉花、辣椒、西红柿、沙发、盘尼西林、酷、汉语拼音、dream-weaver、flash、 photo-shop、GPS、 RGB、 HTML 等等）

中国与世界的交流的前提是什么？

（2）人类如果是单性繁殖的结果，是否还有今天人类的精巧？为什么？

（3）人类与多样性的关系？（功能、器官、实物、能量、用品……）

2. 协调员带领参与者阅读《我们共同的未来》（见建议读物），要特别注意力集中在可持续发展的定义和当代人对于后代人的责任上。

3. 协调员要求参与者考虑和生物多样性与文化多元化之间的相互联系。

4. 协调员请参与者说出一些有关生物与文化多样性缺失现象的事实和数据。

（1）学习《生物多样性的意义及其价值》一文。

（2）阅读报刊新闻：澳总理陆克文就土著人历史上所受苦难道歉

（2008 年 02 月 13 日 06:11 来源：中国新闻网）

中新网 2 月 13 日电综合报道，澳大利亚总理陆克文本周三就白人登上澳洲大陆 200 年来土著人所遭受的苦难做出正式道歉。

澳大利亚土著人是该国最为贫穷的社会群体，他们许多都在偏远的内陆定居点过着简陋的生活。1997 年一份题为《让他们回家》的报告披露了从 19 世纪 70 年代开始到 20 世纪 60 年代，土著人儿童被迫离开家园并接受白人家庭抚养的事实，从而让这一问题引起了澳大利亚社会的重视。这些土著人儿童也由此被称为“被偷走的一代”，他们许多都在寄养家庭中受到虐待，并被禁止说他们自己的语言。（毕远）

（3）澳大利亚政府在工党执政期间，政府保障 5 个学生申请就能开一门课的政策很好地保护了文化多样性。

（4）中央电视台每年举行原生态唱法大赛。

我国原生态唱法：我国民歌的种类极为丰富，主要有内蒙古的长、短调牧歌，河套及周边地区的漫翰调、爬山调，陕北和山西西北部的山曲、信天游，甘、青、宁地区的花儿，新疆的十二木卡姆，陕南、川北的姐儿歌、茅山歌，江浙一带的吴歌，赣、闽、粤交汇地区的客家山歌，云、贵、川交界的晨歌、大定山歌、弥渡山歌，藏族聚居区的鲁体、谐体民歌，以及其他各民族的山歌等。

思考：当今我国政府和普通民众是不是愈来愈注重保护生物和文化的多样性了？

概念层面——理解

5. 协调员与参与者讨论多样性缺失的主要原因。

人为因素是生物多样性面临威胁的主要原因。这包括以下四个方面。

（1）生存环境的改变和破坏

这是我国生物多样性面临威胁的主要原因。我国人口的增长和经济的发展，对自然资源的需求越来越多。森林的超量砍伐、草原的过度开垦、过度放牧，以及围湖造田、沼泽开垦、过度利用土地和水资源等，都导致野生生物生存环境遭到破坏，甚至消失，影响到物种的正常生存。例如，过去北大荒（东北的沼泽湿地）曾出现的“棒打狍子瓢舀鱼，野鸡飞到饭锅里”的情景已随着大规模的农垦而消失。我国的脊椎动物由于这方面的原因而造成濒危或灭绝的物种，约占全部濒危或灭绝的物种的 67%。

栖息地缩小和破坏已成为我国一些动物数量减少、分布区面积缩小、濒临灭绝的最重要原因。许多为保护濒危物种而建立的自然保护区被大面积的已开发地区所包围，成为“生态孤岛”。由于森林采伐迹地、居民生活区或其他的人类生产活动区的隔绝，使被保护动物在保护区内部的必要迁移受到限制，受到保护的物种在其分布区内被分割在互不相连的保护区内，形成一个个孤立的小种群。例如，我国珍贵濒危动物大熊猫的保护就受到栖息地破坏的严重威胁。

（2）掠夺式的开发利用

滥捕乱杀和滥采乱伐使我国的生物多样性受到严重威胁。例如，在濒临灭绝的脊椎动物中，有37%的物种受到过度开发的威胁。许多野生动物因被作为“皮可穿、毛可用、肉可食、器官可入药”的开发利用对象而遭到灭顶之灾。

（3）环境污染

据《中国环境状况公报》（1998）报道，我国1998年废水排放量达到395亿吨，二氧化硫排放量为2090万吨，烟尘1452万吨，工业粉尘1322万吨，工业固体废物排放量7034万吨，酸雨面积约占国土面积的30%。我国不少河流和湖泊由于遭到了工业废水和生活污水的污染，而导致水生生物大量减少或消失。

（4）外来物种的影响

外来物种的引入使原有物种的生存受到威胁。例如，大米草是60年代从美国引进到福建的一种植物，当时认为它有保护海堤、做饲料和燃料的用途。由于大米草的繁殖能力极强，很快遍布9338平方千米海滩，致使鱼虾及贝类等水产品遭到毁灭性打击，其中，霞浦县200多种生物濒于绝迹。

造成生物多样性面临威胁的原因还有很多，如农、林、渔、畜牧业品种结构单一化，工业化和城市的发展，全球气候变化；以及更深层的原因，如法律和制度上的缺陷，缺乏科学知识，没有认识到资源和环境的真实价值，生物资源利用和保护产生的效益在占有、管理和分配上的不均衡等。总之，生物多样性面临威胁是各种因素综合作用的结果。

6. 协调员引导参与者深入探究多样性缺失的主要角色的责任，从个人到公司，从政府到国际社会。协调员甚至可以指导参与者对多样性缺失的主要角色的责任程度估计出各自的百分比。随后，根据评估结果进行原因分析。

情感层面——评价

7. 协调员对参与者提出一个挑战，要求他们评估自身在多样性缺失问题上，带给目前工作的影响。评估使用1到10的尺度，“1”代表“非常低”，“10”代表“非常高”。协调员给参与者一些时间，让他们与三四个同伴交流、分享各自的评估结果。

8. 经过分布评估结果，协调员收集归纳参与者的评估情况。对每个评估的等级，协调员分析出影响他们打分的各种不同的价值观。

9. 协调员肯定，各种不同价值观都有一定根据，但同时，参与者根据可持续发展社会的要求，对自己的价值观进行重新组合。协调员呼吁参与者关注自己孩子未来的幸福，关注多样性缺失问题。对于后者，协调员可以让对参与者想象他们最喜欢的一个物种已经灭绝了。生活中若没有了它，我们的生活将会如何？

活动层面——行动

10. 协调员鼓励参与者确定一个他们可以承担的行动，以促进社会可持续发展。这一行动可以在家庭独立进行，也可以在工作场所集体共同进行。协调员挑选志愿者分享、交流他们的行动。

【所需材料】

- 阅读资料。

【背景材料】

1. 多元文化①

多元文化是指在人类社会越来越复杂化，信息流通越来越发达的情况下，文化的更新转型也日益加快，各种文化的发展均面临着不同的机遇和挑战，新的文化也将层出不穷。我们在现代复杂的社会结构下，必然需求各种不同的文化服务于社会的发展，这些文化服务于社会的发展，就造就了文化的多元化，也就是复杂社会背景下的多元文化。

2. 世界多元文化产生的原因

首先，这是由不同民族所处的不同地理环境造成的。文化地理学的研究已经证明，地理环境的差异不仅会对人的肤色、体质、性格产生影响，而且还会影响到各民族的文化特性。从古代至现代的东西方学者都曾对此做过精彩的阐述。例如，《汉书·地理志》援引《礼记·王制》说："高山大川异制，民生其间者异俗"。就是说，地理环境的不同会孕育出不同性质的文化。古希腊思想家亚里士多德曾经提出，地理环境对希腊各城邦的政治体制产生了影响。法国人文主义思想家博丹把赤道至北极的地区分为南、中、北三个区域，并对北方、南方、中部不同的气候特征对这三个地区的民族特征及其历史发展道路的影响作了深刻的分析。法国现代著名年鉴学派代表人物布罗代尔则把地理结构看做是影响人类社会发展的决定性因素之一。这些论点从不同的角度说明地理环境在文化差异形成过程中所起的重要作用。

其次，这是由各民族文化的长期积淀造成的。一个民族，其文化特性的形成经历了一个长期的过程。在这一过程中，那些得到社会认同的文化因素就会得到不断的传承，并最终积淀为表征这个民族之精神的东西。如古代印度、希腊和中国在"轴心时代"（公元前 8 至 3 世纪）开始了人类精神的觉醒，并各自形成不同的文化特点。古代印度注重宗教研究，主张无差别的平等，把人理解为宗教的动物；古希腊注重科学研究，把人理解为政治的动物；古代中国则注重人文研究，将具有礼的形式的人与现实的有差别的人同一起来。这些各具特色的文化传统经后人不断地继承和深化，遂积淀成为上述各民族的民族精神，并保留在各民族的现实文化生活中。

再次，多样性是事物的属性，人类文化自然也不例外。不仅各民族、各地区或国家的文化呈现出多样性，而且一个民族、地区或国家内部也呈现出文化的差异性。例如，中国疆域辽阔、地理环境差异甚大，民族众多，语言与风俗各异，因此在中国境内也形成了各具特色

① http://zhidao.baidu.com/question/17596673.html。

的地域文化。明代著名地理学家王士性在《广志绎》中曾详细论述了中国各地不同特色的文化。如在饮食文化方面："海南人食鱼虾，北人厌其腥；塞北人食乳酪，南人厌其膻；河北人食胡葱蒜韭，江南畏其辛辣，而身不自觉。此皆水土积习，不能强同。"导源于两希文化和古罗马文化的西方文化内部亦是如此，如人们所津津乐道的"盎格——萨克逊精神"、"日耳曼精神"等就是西方文明内部文化多样性的体现。正是由于这种多样性或差异性的存在，整个人类文化才呈现出多姿多彩的局面。

3. 美国的多元文化教育[①]

美国是一个由移民组成的国家，汇聚着多种不同的文化，是一个文化大熔炉，而旧金山市是最能代表这种现象的其中一个城市，市政府为尊重各文化的不同，政策上的施行尽量配合不同文化的需要，而对各族裔的节日庆祝都非常支持，其中"中国新年花车大巡游"更成为全加州最大型的活动。

我觉得能令不同族裔融洽相处的其中一个重要因素是全旧金山市的学校（公立学校和私立学校），合力推行的"多元文化教育"。就以我工作的一间美国法国国际学校为例，可以看到校方如何让孩子从小认识各种不同的文化，并以欣赏尊重的态度去看待。

在这所学校内，每个幼儿园的小孩，都有机会同他的爸妈向同学介绍他们族裔的文化、习俗，以及自己家族的历史。例如：他们家族从哪一代和从何处移居来美国？这一天，孩子都会自豪地穿上自己民族的服装，和同学分享他的食品、语言或传统的玩具，在教室内接受同学和老师的欣赏、赞美。在这个机会里，让孩子建立对自己民族的肯定，从而建立自信和自尊。而其他孩子除了认识不同的文化外，更重要学会以尊重、欣赏的态度去看待他人。

另外，学校会将在旧金山市举办的各族裔的庆祝节日介绍给孩子认识，如日本樱花节、墨西哥节等。所以，每年在中国新年来临前，我们学校的幼儿园教室都布置得充满中国新年的气氛，有的在天花板上挂上 5 英尺长的纸龙，有的在墙上贴挥春，台上摆放水仙花、橘子、利市封、全盒等。老师除介绍中国新年的各项习俗外，还介绍中国的农历算法，中文字的结构、书法等。孩子最感兴趣的是十二生肖，还有的是舞狮舞龙。

接着是老师、家长带孩子们去"唐人埠"参观，他们都被店铺的衣服、姜、马蹄……所吸引。在街市内，有的孩子被活生生的鱼、田鸡吓了一跳，但有些又觉得很有趣。然后到天后庙参观，其实仅是一个供奉拜祭天后的神坛，庙设在一栋四层高的民居顶楼内，放置着 5 英尺高的天后像，前有大香炉，另一边摆放小神像。庙内有人讲解天后的生平以及求签、烧衣纸等习俗与仪式。中午学生到中国大酒楼内进餐。

小孩都非常兴奋地用筷子敲打茶杯、碗碟，或以两支筷子互敲，有些甚至把筷子分别放在头顶上扮动物。家长、老师们都微笑地看着他们试探这双筷子的"可玩性"。每年的中国新年，我都发利市封给孩子，但他们最期待的是封内的糖果而非多少钱，所以每天都有孩子来问我今天是否中国新年？

这种多元文化的教育，令孩子懂得尊重不同的文化，易于接纳各民族间的差异性，拓宽他们的视野，并提供多种不同角度的思考。所以，在旧金山市许多人都会用中文、日文、西班牙语讲"你好"、"谢谢"、"再见"等简单句子。

也有许多洋人知道自己所属生肖。在同一条街内可以找到许多不同族裔的餐馆，许多西人都很会用筷子。更令我惊奇的是我校的洋孩子很喜欢吃中国的山楂饼哩！在这种尊重欣赏

① 摘自洛杉矶华人资讯网，发布人：Mrs LA 发布于：2007/06/03。

的气氛下，经常有小孩自豪地来告诉我他会讲中文，就是“恭喜发财”。

4.《多元文化“地球村”》教学提纲①

【课程标准】

“我与他人的关系”中“交往与沟通”部分“懂得文化的多样性和丰富性，以平等的态度与其他民族和国家的人民友好交往，尊重不同的文化与习俗。”

【教学目标】

知识目标：

（1）了解文化的多样性和丰富性，理解因文化不同而导致的行为方式的差异。

（2）知道对待文化差异存在的不同态度、正确的态度和应对方法。

能力目标：

（1）对文化不同会导致行为方式差异的理解能力。

（2）与不同文化背景的人交往的能力。

（3）对不同文化的批判、鉴赏及学习其他文化优点的能力。

情感态度价值观：

（1）尊重不同民族文化的价值，能够以平等的态度与其他民族和国家的人民友好交往，拥有开放的胸怀。

（2）克服面对文化差异产生的不安和焦虑。

（3）尊重自己民族文化的价值，对我们民族的文化产生更强烈的自豪感，立志做弘扬和培育民族精神的促进派。

【教学重点和难点】

（1）重点：引导学生认识和感受丰富多彩的世界文化。

（2）难点：帮助学生面对不同文化应树立平等、尊重、接纳的态度。

【本课内容结构图表】

<table>
<tr><td rowspan="11">多元文化地球村</td><td rowspan="5">丰富多彩的文化</td><td rowspan="2">丰富多彩的文化</td><td>丰富多彩的文化
文化的多样性和丰富性的表现——各具特色的文化习俗</td></tr>
<tr><td>不同文化——标志和代表人物</td></tr>
<tr><td rowspan="3">和谐的文化乐章</td><td>文化存在差异，没有优劣</td></tr>
<tr><td>全球化趋势</td></tr>
<tr><td>正确对待文化差异</td></tr>
<tr><td rowspan="6">做友好往来的使者</td><td rowspan="3">开放的胸怀</td><td>开放的胸怀意味着什么</td></tr>
<tr><td>保护本民族的文化是我们义不容辞的责任</td></tr>
<tr><td>尊重、珍惜和保护不同国家、民族的文化</td></tr>
<tr><td rowspan="3">搭起文化的桥梁</td><td>对外来文化的态度</td></tr>
<tr><td>弘扬民族精神，是青少年责无旁贷的历史重任</td></tr>
<tr><td>对外交往的方法</td></tr>
</table>

① 来源：http://sxpdjx.lingd.net/article-3186248-1.html。

【教学过程】

引言

外国游客吃水饺的故事——饮食习惯不同，体现文化差异。

一、世界文化之旅

1. 丰富多彩的文化

活动：

① 我们中华民族最隆重、热烈的节日有哪些？它们是怎么来的？在这些节日中，有哪些传统的食品？

答：春节：现代民间习惯上把过春节又叫做过年。我国古代的字书把“年”（秊）字放禾部，以示风调雨顺，五谷丰登。由于谷禾一般都是一年一熟。所“年”便被引申为岁名了。把农历新年正式定名为春节，是辛亥革命后的事。由于那时要改用阳历，为了区分农、阳两节，所以只好将农历正月初一改名为“春节”。传统食品包括北方的饺子，南方的糍粑。

中秋节：“中秋”一词最早出现在《周礼》一书中。但是直到唐朝初年，中秋节才成为固定的节日。《唐书·太宗记》记载有“八月十五中秋节”。中秋节是在宋朝开始盛行起来的，到明清两朝，已与元旦齐名，是我国仅次于春节的第二大传统节日。传统食品是月饼。

端午节：俗称“端五节”。“五”与“午”通，“五”又为阳数，故端午又名端五、重五、端阳、中天等，它是我国汉族人民的传统节日。为了纪念伟大爱国诗人屈原，这一天必不可少的活动逐渐演变为：吃粽子，赛龙舟，挂菖蒲、艾叶，薰苍术、白芷，喝雄黄酒。

② 列举其他国家和民族的传统节日，并说出这些节日所表达的文化内涵。

答：美国：感恩节是美国最重要的节日之一，每逢感恩节，美国人都要合家团聚，家家户户都要吃火鸡。火鸡都已经成为感恩节的象征了。

日本：儿童节（又称“男孩节”）：5 月 5 日。这天有儿子的家庭房前均悬挂布制大鲤鱼（称“鲤鱼旗”）。日本以阳历 5 月 5 日作为端午节。端午节与男孩节同日，家家户户吃糕团（称“柏饼”）或粽子。

（1）文化的多样性和丰富性，通过各具特色的文化习俗表现出来。

活动：

提到日本，人们会想到和服、寿司、樱花；提到英国，人们会想到绅士风度；提到巴西，人们会想到足球；提到埃及，人们会想到金字塔……

① 你还能想到哪些具有国家代表性的东西？

答：具有国家代表性的东西：熊猫（中国）、龙（中国）、比萨（意大利）、自由女神像（美国）、枫叶（加拿大）、袋鼠（澳大利亚）、葡萄酒（法国）、郁金香（荷兰）……

② 提起安徒生，人们会想到丹麦；提起甘地，人们会想到印度……如果要评选一些国家的文化代表人物，你认为哪些人应该上榜？

（评选标准：只要提到他的名字，人们就会联想到这个国家；不管人们喜欢还是不喜欢，在别的国家人眼里，他们都代表着这个国家；只有真实的人才有资格当选，文艺作品中的人物不得当选。）

答：国家的文化代表人物：孔子（中国）、毛泽东（中国）、马克思（德国）、林肯（美国）、列宁（前苏联）、阿拉法特（巴勒斯坦）、莎士比亚（英国）……

代表了该国文化的哪些方面：即该人物取得了怎样的伟大成就（略）。

（2）不同国家和民族的不同文化，有着各自的标志和代表人物。

2. 和谐的文化乐章

活动：

英语课上，老师在黑板上写了一句著名的古诗——“欲穷千里目，更上一层楼”，让同学们把它译成英文。

一名同学将其译成“Ifyouwanttowatchmore，pleasegoupstairs”。老师笑着说：“把你的句子再译成中文，就是‘如果你想看得更多，请上楼’。”名诗变成这种味道，教室里笑声一片。

同学们试着用各种方法翻译，总感到有什么东西不到位。

老师说：“汉字是中华民族几千年文化的积淀，汉字、古诗等是无法用其他语言替代的。无论我们走到哪里，一定要记得，这些都是我们中国人的根。”

① 古诗翻译上的困难说明了什么？

答：说明不同的文字具有不同的特点，有着几千年的历史积淀的中国文字是其他任何文字都不能够替代的。

② 你能找出汉语中吸收外来语的例子吗？

答：三明治（sandwich）、巧克力（chocolate）、沙发（sofa）、吉普（jeep）……

（1）文化存在差异，没有优劣

文化存在差异，各有千秋。每一种文化都有自己生存发展的权利，不同民族的文化都蕴含着人类文明的成果。

活动：

有人说全球化就是标准化，你同意这种说法吗？

答：不同意。全球化是世界经济发展的趋势，但是全球化的结果绝对不是什么标准化，绝对不应该导致文化的单一化，文化应该更加多元化。

（2）全球化趋势

全球化是当今世界经济发展的共同趋势。在全球化的过程中，各个国家和民族的文化，相互融合、相互促进，呈现出多元和谐的发展局面。

活动：

一个来华不久的意大利学生，看到她的中国同学穿得很漂亮，连连称赞。中国同学说：“哪里，哪里，随便穿穿。”这种回答令意大利同学很纳闷儿：“衣服明明很漂亮，为什么不说好呢？中国同学是不是比较‘虚伪’？”

① 得到别人的称赞，你认为哪一种回答更加得体？你更习惯于怎样回答？为什么？

答：（略）。

② 导致中外沟通障碍的原因是什么？这种障碍会对彼此的交往产生什么影响？

答：产生障碍的主要原因是文化背景的不同，待人处事方式的差异。这些差异会影响彼此的交往，甚至出现障碍。

③ 这种沟通障碍有可能跨越吗？如果有可能，谁该为此作出努力？该如何作出努力？

答：有可能。中国人、外国人都应当作出努力。我们应当准确对待文化的差异，加强沟通，既尊重自己文化的价值，也尊重其他民族文化的价值，平等交流，互相学习。

（3）正确对待文化差异

既要尊重自己民族文化的价值，又要尊重其他民族文化的价值，主张平等交流、相互学习。

二、做友好往来的使者

1. 开放的胸怀

活动：

小雪的班上转来一个美国女孩，叫 Mary。她性格开朗，不拘小节，乐于助人，可有时又显得“斤斤计较”。有一次，她邀小雪一起出去吃饭，结账时却说一人一半。小雪愣了半天——“真小气!”

还有一次，Mary 过生日，邀请同学到她家。小雪带了漂亮的礼物，没想到 Mary 把她迎进门之后，迫不及待地拆开礼物，然后兴奋地说：“太漂亮了！谢谢你。”小雪想：“真是没有礼貌，起码要等到送走客人，才能把礼物拆开呀。”

① 如果你是 Mary，会怎么办？

答：（略）。

② 我们能以“好”或“坏”来评价 Mary 的处理方式吗？

答：不能。

③ 在今天，你认为开放的胸怀意味着什么？

答：意味面对不同的文化，我们能够以宽容、客观、平等的态度去对待。

（1）面对不同文化，开放的胸怀意味着什么？

面对不同文化，应采取客观、平等的态度，尊重因文化不同而导致的行为方式的差异，要虚心学习其他文化的优点、长处。

活动：

① 在比利时，城市很少有红绿灯，为什么能够秩序井然？

答：因为大家都知道交通规则、人人都遵守交通规则。

② 你对“只有人，才是万事万物的红灯”这句话是如何理解的？

答：尊重他人是一条基本原则。

③ 欧洲的汽车文明，对我们有什么借鉴之处？

答：各国、各地文化都有其优点和长处，欧洲汽车文明的互相尊重就很值得我们学习。

（2）保护本民族的文化是我们义不容辞的责任。

（3）尊重、珍惜和保护不同国家、民族的文化。

任何民族文化的精华都是全世界的，都属于人类共同的文明成果。尊重、珍惜和保护各个国家、民族的文化，体现了一种全球意识、开放的胸怀、崇高的精神。

2. 搭起文化的桥梁

活动：

如今，可口可乐饮料、麦当劳快餐、松下电器等舶来品，已为广大中国人所熟悉，它们甚至成了一些中国人日常生活中不可缺少的一部分。伴随它们而来的，还有不同的生活方式。

① 你能觉察到这些外来文化对我们的影响吗？

答：能。

②“哈日族”和“哈韩族”是近来出现的一类人群，你能简要描述他们的特征吗？

答：模仿日本和韩国年轻人的穿着打扮，模仿他们说话的方式，迷恋日本或者韩国的歌曲、影视、书籍等。

③ 你如何评价这类人群的思想观念和行为方式？

答：这样一味的模仿与痴迷是不正确的。学习外来文化，不等于照搬照抄，而应当批判地继承，要取其精华，去其糟粕。

（1）对外来文化该持何种态度

学习外来文化，不等于照抄照搬，而要批判地接受。

（2）弘扬民族精神，是青少年责无旁贷的历史重任。

活动：

这是一名中国小留学生来自异乡的电子邮件：

在班上我是一名好学生，但我实在不懂得怎样与外国同学交往。我很希望自己成为一个到处受欢迎的人，所以参加了学生会的竞选，在各项测验和考试中也名列前茅。但我仍找不到一个知心朋友，与同学找不到共同的话题。看来，留学生活并不像想象得那样容易。我该怎样走出目前的困境呢?

① 这些小留学生为什么会遭遇困境？

答：因为他在不同的文化环境中感到不适应，他缺乏与他人的交流与沟通的工具和机会。

② 对解决他的麻烦，你有什么好建议吗？

答：寻找与外国同龄人的相似点，找到沟通的基础；探询有效的沟通方式；积极参与当地文化活动，找寻与同龄人的共同话题……

③ 我们现在做哪些事情可以提高我们应对这些问题的能力？

答：我们一方面要尝试和各种不同人的沟通，锻炼自己与他人沟通的能力；另一方面，我们要尝试多理解一下其他文化的特征，为我们能够尽快地融入一种新的文化背景作准备。

（3）对外交往的方法

面对文化差异，我们应该克服自己的不安和焦虑；消除误解，尽量保持客观宽容的态度；提高对其他文化的鉴赏能力；不采取防卫心态，多关注他人的经验和看法，避免妄下断言；寻找能联结双方的相似点；入乡随俗，尊重当地的风俗习惯；探索有效的沟通技巧；在交往时，不卑不亢，以礼相待……

3. 原生态唱法

原生态民歌，顾名思义，就是我国各族人民在生产生活实践中创造的、在民间广泛流传的“原汁原味”的民间歌唱音乐形式，它们是中华民族“口头非物质文化遗产”的重要部分。

民歌是各族人民智慧的结晶，是各个历史时期人民生活的生动写照。这些歌曲直接产生于民间，并长期流传在农夫、船夫、赶脚人、牧羊人以及广大的妇女中间，反映着时代生活的方方面面，可以说是各个历史时期人民生活的生动画卷。这些歌由大众口头创作，并在流传中不断地得到丰富和发展，歌词越加精炼，曲调渐臻完美，具有很高的艺术价值。民歌的语言生动传神，它并不是将简简单单的生活语言直接拿来，而是也讲究韵律，讲究比兴等传统的诗歌手法，源于生活而高于生活，是百姓的杰作，是大众语言的精华。

我国民歌的种类极为丰富，主要有内蒙古的长、短调牧歌，河套及周边地区的漫翰调、爬山调，陕北和山西西北部的山曲、信天游，甘、青、宁地区的花儿，新疆的十二木卡姆，陕南、川北的姐儿歌、茅山歌，江浙一带的吴歌，赣、闽、粤交汇地区的客家山歌，云、贵、川交界的晨歌、大定山歌、弥渡山歌，藏族聚居区的鲁体、谐体民歌，以及其他各民族的山歌等。

据专家介绍，“原生态”这个词是从自然科学上借鉴而来的。生态是生物和环境之间相互影响的一种生存发展状态，原生态是一切在自然状况下生存下来的东西。原生态民歌是老百姓很自然地表达出的东西，而把很多民歌进行改编等则是原生态状况的变异，属于非原生态。

原生态唱法只是区别于学院派民歌唱法的一种说法，学院派民歌唱法大多吸收了一些西洋唱法，原生态唱法却是一种原始的未加工过的唱法。

核心价值观七　国家统一　全球团结

模块 29

我是一个负责任的公民吗？

这一模块相关联的核心价值观是国家统一和全球团结。国家统一是使不同语言、宗教文化和政治信仰的人群之间具有共同的国民身份和文化遗产，为了国家社会发展而工作的共同承诺。全球团结是指在经济、社会和政治方面，国家间的合作和公正的关系。

这一模块对应的相关价值观是公民的责任，用知识、价值观和技能武装人，使其积极参与社会、文化、经济、政治生活，这一范围可以是社区的、国家的，还可以是世界的，以履行相关的公民责任。

【学习目标】

- 探索每个人对未来的美好理想，以及他/她在这样的社会中所应当承担的相应责任。
- 反省一个人当前在作为公民和作为积极推广公民责任的教育者的过程中所扮演的角色。
- 确定积极的公民应该包括哪些方面，如何将这些责任整合到个人生活和作为一个教育工作中。

【学习内容】

- 更美好的世界社会。
- 公民的品质和特征。

【学习活动】

认知层面——知晓

1. 协调员介绍我们当今世界面临的诸多挑战

科技创新速度、能源问题和贸易壁垒、气候变暖、土地退化、水资源污染、生物多样性减少、环境问题等等。

协调员通过提出如下问题，使参与者严肃地思考这些挑战。

① 你希望创造一个什么的社会？你希望未来能够成为什么样子？

② 你认为需要什么样的个人/市民才能实现这样的社会？他们需要具备哪些品质和特点才能实现这些改变？

讨论：

第一层次：对于我们自己，个人的知识水平、道德素质、身体素质和心理素质如何？（道德素质以一组不文明行为的组图加以证明，心理素质以“卢刚事件”加以阐明）

第二层次：对于家庭（用一组表现家庭暴力的图片加以说明）。

第三层次： 对于社会、国家 （阅读“一个韩国人的故事”和“任何一个行为都可爱国”两段短文，加强我们对国家和整个社会的责任意识）。

阅读短文：

短文 1：

一个关于韩国人的爱国故事

二战结束后在南北朝鲜战争时期，朝鲜海域有一个小岛，韩国和日本同时宣称对该岛拥有主权，但是当时韩国政府处于战争状态，根本就抽不出兵力解决这个问题。这时有一名韩国青年，趁战争时期枪械管理不是很严格的空当，弄到一支步枪，就上了该岛，自己一个人在岛上和日本人的渔船、水警，还有海军自卫队整整对峙了三年。后来朝鲜战争结束，韩国政府派出军队驻守该岛，这名韩国青年如英雄般被迎接回国。

短文 2：

任何一个行为都可以爱国[①]

大家都知道以色列与阿拉伯的战争。阿拉伯和以色列仗打得正热闹的时候，世界正举行选美比赛，那年以色列小姐正好当选“世界小姐”。许多电影界的人士都围着她：“小姐签约吧，将来你可以发大财了”，“签约后你名利双收，你何必回国呢，你的国家正在打仗，那么一个小国，随时会被吃掉的！”“你回去多可怕！你现在又有钱，又有名，留在美国吧！”这位姑娘却在电视上发表谈话：“世界小姐不是我个人想选，我只是想让你们知道，以色列是一个优秀的民族，所以我出来竞选。我想让人们知道：地球上有以色列这个国家，所以我要出来竞选。我今天被选上了，就完成了我的任务。我要告诉世界：以色列是个优秀的民族，因为我是世界上最漂亮的女人；同时我还要告诉世界：以色列这个国家正在艰苦奋战，希望全世界的人民同情我们，支持我们！支持我们国家的独立！现在我的国家正在打仗，要钱何用？我们以色列亡国两千年，因为我们文化不亡，所以我们还能建国。今天我要回去，为祖国而战，要钱何用？”她发表完这番谈话，第二天就坐飞机回国了。这个消息发表后，全世界的人对以色列刮目相看！哇，以色列人真了不起啊！

第四层次：对全地球、对全人类……

---

① 节选自台湾某学校校长高震东在中国国内的讲演。

交流：你所观察到的人类面临的挑战（道德沦丧、信用缺失，等等）。

概念层面——理解

2. 观看一组有关人们日常生活中对公共利益态度的图片，思考以下问题：

（1）以上图片反映了你所希望的社会吗？

（2）你希望创造一个什么样的社会？你希望未来能够成为什么样子？

（3）你认为什么样的个人才能建立这种更好的社会？他们需要具有哪些品质或特点才能实现这些改变？

协调员将参与者分成小组，使他们能与其他人分享现实。小组交流后，逐步将参与者的共同答案归纳起来。协调员给每个小组一定时间汇报他们的意见。

3. 协调员提出下列意见：一个是坎贝尔（Colin Campbell 爵士，英国诺丁汉大学执行校长）及其同事收集归纳的未来的理想世界的主要特征，另一个是香港教育研究所的专家归纳出来的 8 个公民特征。

Campbell 研究出了未来美好社会的主要特征，这些特征是基本的也是美好的愿景：

- 具有基本的食品、住房和卫生健康；
- 排除安全威胁，和平共处；
- 超越国家的实体；
- 保持和发展多样性；
- 社会公正；
- 在所有层面关怀和联系人类（如拉丁美洲、南亚与东南亚、非洲撒哈拉）；
- 民主参与（澳洲、东欧和北美）。

美好未来的特征向我们表明，将环境教育、和平教育、社会公正和平等、民主参与、尊重多样性和人权、基本自由和全球化教育等方面的内容结合起来，非常重要而且也是不可或缺的。

作为公民个人应具有哪些特征与素质？他们需要哪些知识、情感、态度、价值和行为能力呢？香港教育学院（Hkied）的专家们达成一致的意见，21 世纪公民应具有的性格、技能和特殊能力可以归纳为以下 8 条，以应对未来不可预测的发展趋势，培养教育理想的人。这 8 条意见根据其重要性排列如下：

① 能够从世界社区成员的角度来关注和处理问题。

② 能够与他人合作共事，并且能够承担个人在社会中所应该承担的角色和责任。

③ 能够理解、接受和宽容文化差异。

④ 能够批判性和系统性地进行思维。

⑤ 愿意以非暴力方式解决冲突。

⑥ 愿意为了保护环境，而改变个人的生活方式和消费习惯。

⑦ 具有足够的敏感性，并且能够保护人权，特别是妇女、儿童和少数民族的权利。

⑧ 愿意并有能力参与地方、国家和国际的政治活动。

仔细思考这些特征会发现，除去公民应该具备的能力，其中还包括了公民应该具备的态度、价值和敏感性。公民所具有的应该是实现变革的能力，而不仅仅是知识与信息。

用以上标准来衡量下列人物：

① 当官、富人就一定是好公民吗？

② 对比明治维新与戊戌变法的异同，感受日本明治天皇与清朝光绪皇帝各自作为当时公民的合格性。

③ 萨达姆是一个合格公民吗？

④ 卡扎菲是一个合格公民吗？

小结：

合格公民的重要条件就是让自己不管是贵为皇胄，还是贱为庶民，每时每刻的行为都应符合社会、历史发展的潮流。

情感层面——评价

4. 协调员请参与者将自己对公民特征的回答与上述研究的成果进行对比。协调员要注意参与者是否给予这些研究成果以足够的重视。

5. 协调员引导参与者根据下列问题，发表他们个人的看法

（1）当我们研究了集体的未来理想之后，你对自己的理想是否满意？为什么？

（2）将你找到的公民特征与这些研究成果中定义的公民特征相比较，你感到还有哪些不足？

（3）我们需要哪些公民（素质）才能实现这个美好的未来？

（4）如果按 1～7 分测量，你对自己作为一个积极的、负责任的公民如何评价？打多少分？在积极教育别人有关公民责任方面你给自己打多少分？你的评价说明了什么？

（5）你对自己的得分满意吗？为什么？

6. 协调员给参与者一点时间让其与同伴分享他们的答案。

7. 协调员抽取一些参与者的回答。

8. 协调员对整个过程给予总结归纳，说明将提升素质的目标落实到行动中去是一项艰巨的任务，并强调成功来自于点滴努力的积累。

活动层面——行动

9. 分组讨论：我是一个合格的公民吗？为什么？

我们有什么样的理想？环境资源能够承载我们的欲求吗？如果不能够或者不远的将来不能够，那么，我们应该从现在起承担什么责任？

10. 协调员鼓励参与者严肃地考虑下列内容

① 作为一个公民，我将要努力……

② 作为一个工人，我将要努力……

【建议读物】

1. 德洛尔．教育——财富蕴藏其中．联合国教科文组织总部中文科，译．北京：教育科学出版社，1996．

2. 富尔埃德加．学会生存．联合国教科文教育公民国际委员会报告，1992．

3. UNESCO—APNIEVE，学会生存：为了人的发展进行全面系统的价值观教育，2002．

模块 30
谁是负责任的领导

这一模块相关联的核心价值观是国家统一和全球团结。国家统一使不同语言、宗教、文化和政治信仰的人们具有共同的国民身份和文化遗产，并共同承担为了国家社会发展而工作的义务。全球团结是指在经济、社会和政治方面，国家间的合作和公正的国际关系。

这一模块对应的相关价值观是恪尽职守的领导，即设定未来目标，激励、鼓励和支持团队成员勤奋、努力完成任务及以身作则的能力。

【学习目标】

- 识别并描述善于管理所需要的领导人素质。
- 形成对领导力的多种看法。
- 从著名的和平与人权领袖的传记中获取激励。

【学习内容】

- 一位负责任的领导的品德、能力和技能。

【学习活动】

认知层面——知晓

1. 在协调员的启发下，参与者可列举出他们认为倡导世界和平的领袖人物。下列人物可能被选用：

（1）周恩来（中国国务院总理）

（2）马丁·路德·金（美国黑人民权领袖）

（3）纪伯伦（黎巴嫩文坛骄子）

（4）纳尔逊·曼德拉（南非总统）

（5）圣雄甘地（印度国父）

……

2. 分组讨论，由参与者列举这些倡导世界和平领袖们工作中的某件事，并指出其体现了他们身上的什么素质？每一组围绕一位领袖人物进行讨论。

3. 经过小组充分讨论后，协调员要求参与者将他们的回答写在纸上，之后公布在黑板上。

4. 协调员分析各种回答，然后总结出各小组的相同之处和不同之处。

概念层面——理解

5. 由参与者讲述领袖们有哪些共同的生活经历，找出被展示的领袖之间的共同素质，如：负责任、有坚定的信念、正直……

6. 协调员引述周恩来的例子，每个人讲述一件发生在周恩来身上你印象最深的事，说出其具备什么样的素质？你的深刻体会是什么？

7. 协调员引导参与者就负责任的领导所共同具备的一些素质进行讨论，重点放在下列观点上：

- 一位领导一定有自己的观点，并具有有效传播、沟通自己观点的能力。
- 一位好领导具有正义感。
- 一位好领导具有内在的能力，去发动、激励和鼓励他的追随者。
- 一位负责任的领导会给其组织成员授权。好领导对于那些观点相同、会帮助他实现自己理想的潜在的领导人，会给予培养和指导。
- 一位负责任的领导会以身作则。

情感层面——评价

8. 参与者根据上述领导者素质，用下表对自己进行评估。

对个人素质的评价表

水平 素质项目	1 完全缺失	2	3	4	5	6	7	8	9	10 完全具备
独立的观点										
负责任										
正义感										
有效沟通										
授权										
……										

9. 分成 3 人一组，分享各自的评分结果。互相交流评估中的体会。

10. 协调员让每一个参与者思考如下问题，并鼓励参与者，希望一两个参与者在大家面前勇敢地讲出对自己的评价。

（1）对你的评分等级满意吗？为什么？

（2）你的领导素质强项是什么？

（3）哪些品质需要进一步发展？

（4）哪些因素可能阻碍这些品质的发展？

（5）你将以谁为榜样，并学习他的哪些品质以促进自己的成长？

活动层面——行动

11. 协调员向参与者提出一个挑战

（1）制订一个不断发展自己领导者素质的计划，并努力去实施。

（2）收集周恩来总理的生平事迹，了解周恩来对年轻人都说了哪些话，寄予了哪些希望。

（3）不断养成读书思考的好习惯，人生中树立一个自己学习的榜样，不断激励自己的成长。

【所需材料】

- 收集的领袖们的照片和生平。
- 有关视听资料。
- 图表。
- 纸和笔。
- 白板。

【评价方式】

1. 对领导者所具备的素质有什么新认识？
2. 在未来，对发展自己领导者素质应做什么样的计划？

【建议读物】

1. 詹姆斯·库泽斯，巴里·波斯纳．领导力．3版．李丽林，杨振东，译．北京：电子工业出版社，2004.

2. 韩素音．周恩来与他的世纪．王弄笙，译．北京：中央文献出版社，1992.

3. 裴默农．人生楷模周恩来．北京：中共中央党校出版社，1999.

4. 高润至（Frank T Gallo）．中国商业领导力．高晓燕，冯坚，译．北京：电子工业出版社，2011.

模块 31
民主需要达到的基本水平

这一模块相关联的核心价值观是国家统一和全球团结。国家统一使不同语言、宗教、文化和政治信仰的人们具有共同的国民身份和文化遗产，并共同承担为了国家社会发展而工作的义务。全球团结是指在经济、社会和政治方面，国家间的合作和公正的国际关系。

这一模块对应的相关价值观是民主参与。民主参与是善治管理的基础。所有权益者有参与决策，包括非政府组织与公民社会在公共事务的各个领域参与管理决策，包括选举、游说、政治压力和授权。

【学习目标】

- 识别世界上民主化的正面与负面的信号。
- 从多个视角观察不同背景下民主的实践状况，确定民主的基本构成元素。
- 明白民主是人类管理模式的最佳选择。

【学习内容】

- 亚洲太平洋地区的参与式民主。

【学习活动】

认知层面——知晓

1. 协调员展示国际关于民主问题的视频或图片。引导参与者知晓我国及世界其他国家的民主制度。归纳世界有哪几种不同的民主制度。

中国特色社会主义民主制度包括以下四个方面的内容：

① 以选举民主为主要标志的人民代表大会制度；

② 以协商民主为主要标志的政治协商制度；

③ 以直接民主为主要标志的群众自治制度；

④ 以党内民主为主要标志的党的各项制度。

2. 协调员将参与者分成若干小组讨论如下问题：

（1）识别哪些关于民主政治的陈述是正面的，哪些是负面的？

（2）分析构成民主的基本要素是什么，什么影响民主化的进程？

（3）全球化是如何影响各国民主实践的？

3. 协调员指导讨论，小组派代表在全体参与者面前陈述小组意见，协调员归纳各组意见，尽量就什么是正面的、什么是负面的达成共识。

概念层面——理解

4. 在协调员指导下，结合中国特色社会主义民主制度，通过列举实例等方式，使参与者进一步理解如下内容：

（1）我国民主实践的历史与现状是怎样的？

（2）好的民主制度的标准是什么？

（3）民主化有一个进程，影响因素是什么？与什么有关系？

5. 其他国家和地区关于民主的几种不同陈述见下表，你的观点如何？为什么？

关于民主的八种不同陈述：

A 公民社会群体允许收集被政府官员掩盖弊端的可能遭到批评的信息。	B 政党允许其成员变换党派，支持他们自己选择的更富有魅力的候选人。
C 允许将权力集中在执行部门，以便更加便捷、有效地提供基本的服务。	D 接受选举失败是民主体制的有机组成部分。
E 军队积极参与政治领导选择和决定维护和平与秩序的措施。	F 公民在选举之后，作为“监察人”监督自己选出来的领导者的行为。
G 宗教领袖推动其信徒参加街区选举。	H 保护少数人的权利，例如妇女，贫困、失地农民，并实行反对派优先。

情感层面——评价

6. 协调员指导参与者评估自己所在班级的民主状况。

1 分————2 分————3 分————4 分————5 分

失败的　部分满意　满意　很满意　非常满意

涉及以下方面：

- 以人为本。

- 民主决策。
- 自由、诚实可信的选举。
- 透明和负责任的班干部。
- 制度面前人人平等。
- 有知情权。

7. 协调员问参与者："你对自己给班级打分感觉如何，你对所打的分满意吗？为什么满意？为什么不满意？"

8. 协调员将参与者分为三人小组，讨论交流他们的评分和感受。

9. 谈谈你在哪些方面感受到了民主，举一个感受最深的例子。

活动层面——行动

10. 通过对我国民主实践历史与现状的分析，请你提出一些建设性的意见并在全体同学中进行讨论。

11. 你所在的班级有哪些不民主的做法，如何改进？

12. 你认为自己在哪些方面没有充分发扬民主，影响了他人行使民主权利，提出今后改进的措施。

【所需材料】

- 关于其他国家和我国在民主政治状况的新闻报道或相关图片、视听资料。
- 纸和笔。
- 白板。

【评价方式】

1. 通过学习与交流，谈谈自己对民主有了哪些新的认识？
2. 通过对我国民主实践历史与现状的分析，提出自己的看法。

【建议读物】

1. 《中华人民共和国宪法》。
2. 李一哲．关于社会主义民主与法制．北京：群众出版社，2011．

模块 32
当所有边界都消失之后

这一模块相关联的核心价值观是国家统一和全球团结。国家统一是使不同语言、宗教文化和政治信仰的人群之间具有共同的国民身份和文化遗产，为了国家社会发展而工作的共同承诺。全球团结是指在经济、社会和政治方面，国家间的合作和公正的关系。

这一模块对应的相关价值观是统一和相互依存，即认识到各种体系间相互依存的关系——生态体系、环境体系、政治和社会体系——同时在国家和地区层面，鼓励文化多元化和肯定人的个性。

【学习目标】

- 分析目前的地区发展趋势并与全球和平与公正问题之间的联系。
- 赞赏在多样化中统一的价值。
- 认识全球的、地区和个人互相依存关系的重要性。

【学习内容】

- 亚太地区相互的依存问题。

【学习活动】

认知层面——知晓

1. 参与者思考

（1）我们生活中遇到的边界问题有哪些？与边界相关的职业有哪些？

协调员帮助参与者总结，例如：国界、省界、围墙、墙壁、麦克马洪线等，与界限有关的成语有：蜀犬吠日、坐井观天、鼠目寸光等，于边界相关的职业有：军队、保安、门卫、政委、政治教员等。

（2）从历史到今天，中国对世界有哪些贡献？至少有四大发明、众多的人口、袁隆平院士的杂交水稻生产技术等等。

（3）在我们的生活中，下列哪些是来自国外的？（阿拉伯数字、汽油、棉花、沙发、盘尼西林、酷、汉语拼音、dreamweaver、flash、photoshop 等等）

（4）国界对人类文化的限制起到多少作用？如果作用不太大的话，为什么？HIV、SARS、BIRD FLU 有边界么？

（5）今年我校毕业生的就业形势？今年是否与往年一样，比较容易找到工作？为什么？与我们题目有关的应该是：由于劳动用工制度的变化，北京没有像以往一样对户口要求严格。

（6）香港的大学在大陆的招生对国内名牌大学的影响如何？

2. 协调员展示来自不同国家的剪报和图片，要求参与者给它们分别贴上“崩溃”或者“突破”的标记。例如：

（1）世界 63 亿人口中的 73%生活在贫困线以下（每天不足 2 美元），其结果导致童工和妇女卖淫。

（2）贫穷国家与富有国家之间的差距不断扩大。

（3）边界、领土和种族冲突导致社会架构恶化。

（4）环境恶化。

（5）艾滋病患者与艾滋病毒携带者的增加，非典型肺炎、禽流感的出现与流行。

（6）亚太地区有 30 亿人，大约占世界人口的 61%。

（7）当今亚洲人口最多的 5 个国家：中国、印度、印度尼西亚、孟加拉国和巴基斯坦。

（8）15～25 岁的年轻人口占较大比例。

（9）许多国家具有深厚的哲学、宗教和文化传统。

（10）在种族、语言、社会和政治等方面具有很大的多样性。

（11）大量跨国组织迅速发展，移民大量涌现。

（12）2005 年，超过 2100 万 15 岁的儿童在五年级以前就可能辍学。

（13）世界上共有 8.85 亿文盲，其中将近 70%在亚太地区。

（14）成人识字率存在 14%的性别差异。

（15）全世界有 1.3 亿学龄儿童接受不到任何基础教育，其中亚太地区有 3700 万人。

3. 协调员引导参与者思考如下问题：

为什么你觉得有的现象导致的是“崩溃”，有的现象导致的是“突破”？

4. 协调员引导参与者识别下列亚太地区国家的性质和特征：

国家地区	性质	特征	殖民国家
马来西亚、印度、缅甸			英国
老挝、越南、柬埔寨			法国
菲律宾			西班牙和美国
印度尼西亚			荷兰
东帝汶、澳门地区			葡萄牙

协调员问参与者：每个国家的文化定位和多样性对各个国家目前的发展状况作出了哪些贡献?哪些特征为它们的发展和现代化作出了贡献?

概念层面——理解

5. 协调员引导参与者通过生产一件针织衫的流程图来分析全球化中经济的相互依存。研究像针织衫这样的产品的生产流程也引导了对类似产品生产的研究。

标出参与这个过程国家的名字。

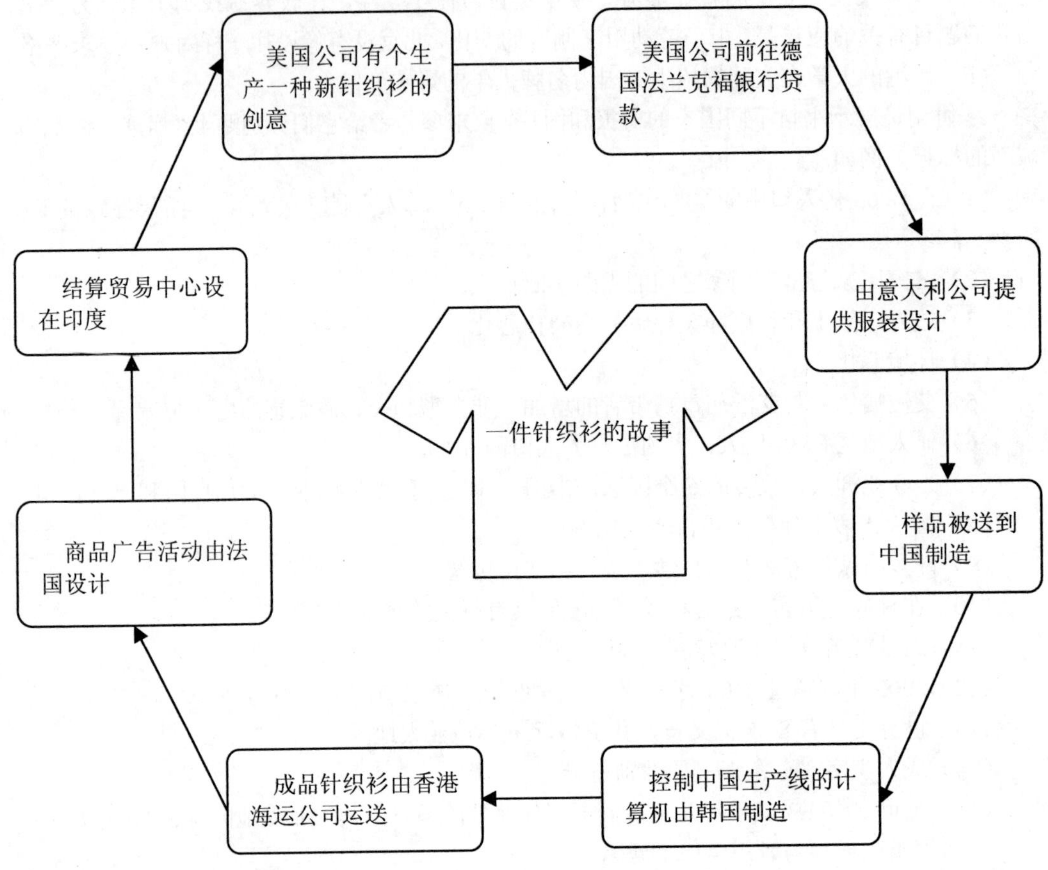

6. 协调员使用下列的引导性问题帮助参与者了解互相依存的概念：

（1）这一流程图说明了哪些概念？

（2）各个国家靠什么方法，在生产过程中获得利益？

（3）从什么角度看，这种生产是有缺点的？

（4）还有其他形式的互相依存吗？

7. 协调员总结大家的反应和关于互相依存概念的讨论，及互相依存的不同表达形式（文化的、知识的及其他），以及与依赖之间的明显区别。

8. 协调员要求参与者思索互相依存在全球层面、社区和个人层面带来的影响，并分为3个小组分享他们的思考结果。

9. 15分钟之后，参与者中的志愿者被鼓励在全班范围内分享他们的思考结果。

10. 协调员分享在全球团结方面的一首诗。①

在每一个边界哨所

　　都有某种阻挡不住的东西

① 摘自“Fuku”，尤基尼·尤塔琴科（Yeugeny Yeutasheuko）。

每一个边界哨所都思慕
　　缤纷的落叶、香艳的飞花
但却指不出
　　它们来自哪一种树木。

我推想
　　起先，是人发明了边界
之后，边界又造就了人
　　人、军队和边界卫兵无一不是边界的发明
只要边界仍然矗立，我们所有人就依然如处于史前时代
　　只有当所有的边界消失时
真正的历史才会开始

11. 协调员通过下列的问题，引导参与者对这首诗进行分析与思考。
（1）通过边界哨所你理解了什么？你能描述它吗？
（2）边界是为了什么而设立？
（3）是谁发明了边界？
（4）边界“发明人”意味着什么？
（5）边界是人的一个有益的发明吗？为什么？
（6）“史前”和“真正的历史”分别代表什么？

情感层面——评价

12. 协调员通过要求参与者回答下列问题，引导参与者欣赏这首诗。
（1）你读了这首诗之后，总的感觉是什么？
（2）哪些字、句最打动你?为什么？
（3）生活在一个被边界包围的地方，你感觉如何？
（4）生活在一个没有边界的世界中，你感觉如何？
（5）你能从诗中领悟出什么？

活动层面——行动

13. 协调员邀请参与者对促进互相依存、在社区和个人的层面加强团结提出建设性意见，方法是把下列的不完整句子填写完整。
① 我将会在我的社区中促进个体和互相依存……
② 我将会在我的工作场所中促进个体和互相依存……

【所需材料】

- 剪报和漫画。

核心价值观八　全球精神

模块 33
全球合作

这一模块相关联的核心价值观是全球精神，全球精神是一种精神视野，是一种超越感，它可以使人看到所有客观存在的物质之间的整体性和相互关联。

这一模块对应的相关价值观是相互联系，即能认识到所有形式的生命都是相互关联、相互依存的，并将之付诸行动的能力。

【学习目标】

- 澄清人们关于相互关联、依存的观念。
- 提升对各种层面的相互关联的认识。
- 探究相互关联这一价值的个人实践。
- 通过全球合作最大限度地实践相互关联。

【学习内容】

- 定义和理解相互关联。
- 全球组织的目标、目的和计划。

【学习活动】

认知层面——知晓

1. 协调员阐释系统的定义。协调员回顾模块 10 的学习内容：系统可以定义为相互作用着的若干要素的复合体。系统的定义有三个本质特征：系统的整体性，系统由相互作用和相互依存的要素所组成，系统受环境影响和干扰并与环境相互发生作用。科学家和哲学家常用系统来表示复杂的具有特定结构的整体。

2. 课堂讨论：协调员指导参与者结合实际，运用头脑风暴法研讨相互关联的概念。研讨过程中，协调员可以适当提醒参与者回想反映这个哲理的典故，比如“城门失火，殃及池鱼”、“唇亡齿寒”等。

协调员总结：系统的内部联系性是指系统各要素（部分）之间的相互影响和相互作用。辩证法认为，事物之间是相互联系的，尽管这种联系未必是直接的联系。各种人、各种系统以及他们之间的内部都是直接或间接联系的。而系统思维要求人们必须把研究和处理的对象看做是完整的系统，并辩证地对待它的整体与部分、部分与部分、系统与环境等的相互作用和相互联系，以求对问题进行最佳处理。

3. 全球是相互关联的。全球世界是由若干相互作用和相互依存的要素组成的整体。这些要素是这个世界上的所有形式的存在，包括各类的人、所有的事和一切的物。这也是全球关联的理论依据。

协调员演示电影 Babel（2006）的图片，讲述故事的梗概。枪击、旅行、婚姻、奔走、青春、六个家庭、十个人物、三个国家、四种语言……电影反映着多种思想，协调员着重强调其中包含的全球关联和文化冲突、融合的思想，并指导参与者熟悉美国社会心理学家 Stanley Milgram 的“六度分割理论”（Six Degrees of Separation）。

全球化是指各种资源和生产要素在全球范围内的高速流动与配置利用、人类活动及其成果与效应在全球范围内的全面互动、整合与协同。随着全球化步伐的加快，全球系统中各个要素的联系日益紧密，正如模块 32 中的那件针织衫的故事。我们称现在的世界是“地球村”，它是高度关联的。

概念层面——理解

4. 课堂讨论：系统相互的影响。协调员指导参与者小组在各种不同层面阐述相互关联的定义，完成关于相互关联的定义。给不同的小组分配任务，让每组说明某个系统对其他系统的作用与影响。协调员可以给出以下命题：①使用白色塑料袋；②选举社区代表；③社会医疗保险；④恐怖主义；⑤自然灾害。

5. 参与者小组采取角色扮演或其他形式表达观点，展示他们的成果。协调员总结：全球是高度关联的，这种全球化不仅是经济上的，还体现在政治、文化、生态和价值观念等各个方面。

6. 协调员邀请参与者讨论全球合作形成的原因。协调员提示：

- 地理背景和自然条件；
- 交通和技术支持；
- 对抗全球性问题的要求。

协调员总结：全球合作是在生产力以及与此相适应的劳动分工和交往关系不断发展的推动下形成的。全球化有利于克服封闭、保守、狭隘的观念，促进各国、各民族之间物质、文化和人员的交流，增进彼此之间的理解、沟通、合作和友谊，实现人类社会的可持续发展。

情感层面——评价

7. 前联合国秘书长安南说：“全球化的综合逻辑是不可动摇的，其势头是无法抗拒的。”现在，全球合作不再是“七八个星天外，两三点雨山前”，它已暴雨倾盆，冲刷激荡着世界每个角落，从纽约华尔街的银行老板到北京胡同里的普通百姓，没人能躲得过去。“各扫自家门前雪，休管他人瓦上霜”的观念必须改变。

协调员提出口号：“全球性思维，地方性行动！”这就要求各个国家和地区的人面对全球合作的浪潮时，都要具有世界视野和全球意识的思维模式，解放思想，积极投身其中，以细节入手，从自身做起。比如以节约能源为例：建立全球合作机制来解决能源和可持续发展就是全球性的思维，为实现这项合作要求能源生产国、消费国以及能源运输途经的地区承担各种工作，这可以理解为地方性行动。我们个体也应该在日常树立全球能源危机的意识，注意节约水电等能源，从自己身边的小事做起。“我们不但要关注室内家居的温度，也要关注室外地球家园的温度。”这句BP的广告词就是对这个口号的极佳诠释。

8. 课堂讨论：协调员请参与者思考，在自己的行动中能在多大程度上实践“全球性思维，地方性行动”，而原因又是什么？

协调员归纳参与者实践或未实践上述口号的原因，指出影响全球合作的因素（例如地区发展的不平衡、文化观念的差异、政治立场的分歧、民族间的历史遗留问题、商业利益冲突等），并引导参与者把自己培养成“机翼型人才”。

9. 协调员向参与者提出挑战：为使自己的意识变得更加全球化，要打破内心的障碍，切实践行“全球性思维，地方性行动”的口号。但也要确立如下意识：

（1）和而不同的文化观。孔子曰：君子和而不同。这就要求我们既要与人精诚合作，也不能丧失自己民族的优秀文化和精神，民族的才是世界的。全球化不是全球同化，民族文化的差异和多元赋予全球化以活力。或者说，要用中国传统文化中“和”的理念去认识国际关系，就是要求尊重世界各国在文化上、生活方式上以及社会治理和发展模式上的差异性，尊重地域、人文、经济等各个方面的差异，以引导的方式而不是控制的方式去创造和谐、稳定和发展的环境。各种文化都有自身的优缺点，中华民族的文化曾经长时期在世界上处于领先地位，而且至今有许多内容仍在世界文化的宏伟殿堂里占有十分重要的地位。许多国内外的汉学家认为21世纪将是孔子学说的世纪。儒家学说曾提出和合之说，和合是指自然、社会、人际、心灵、文明中诸多元素、要素的相互冲突融合，以及在冲突融合过程中各元素、要素和合为新的结构方式、新的事物和新的生命。针对当今世界面临的生态、社会、道德、精神、价值危机，儒学提出和生、和处、和立、和达、和爱五大中心价值，以回应和化解五大冲突，为人们寻求安身立命之道。其实，这就是儒家中庸思想和忠恕之道的运用。和合精神正是美妙绝伦的全球合作理论。

（2）合作与竞争并存的意识。如果你因为合作而放弃竞争就必将会走向失败。当今世界，合作与竞争是并存的，因为国家间的合作以及国际关系的和谐，不是建立在天下大同的基础上的，而是建立在民族国家之间差异互补的基础上的，特别是现在发达国家和发展中国家存在着各方面的利益矛盾。你的合作伙伴可能同时也是你的竞争对手。各个国家和地区可以借用中国古代“内圣外王”的哲学命题作为指导，争取在全球合作中取得竞争的优势，即先是加强和提高自身的竞争实力，然后进入到全球合作和竞争中来，并在合作与竞争中处于优势地位。当然，最终的目标还是要实现全人类的共同发展和进步。

活动层面——行动

10. 世界合作组织资讯。为谋求人类的生存与发展，全球合作逐步形成和发展起来，伴随着这个过程也出现许多的全球性组织，比如：联合国、世界贸易组织、世界银行、国际奥林匹克委员会等。协调员发放部分世界合作组织资讯材料供参与者阅读。

11. 协调员鼓励参与者试着用电子邮件或其他形式与某个全球性组织进行联系和交流，培养他们的全球性合作意识。

总之，我们希望全世界的国家和人民能够具有全球性的精神、视野和思维，各尽所能，发挥自身优势，加强交流合作，共同对抗全球性问题，为全人类的全面可持续发展和长远利益作出贡献。

【所需材料】

- 黑板和粉笔。
- 关于全球性组织的资讯。

【建议读物】

《联合国宪章》。

模块 34
对工作崇敬的再发现

这一模块相关联的核心价值观是全球精神，全球精神是一种精神视野，是一种超越感，它可以使人看到所有客观存在的物质之间的整体性和相互关联。

这一模块对应的相关价值观是崇敬神圣，它是对存在于所有客观世界中的真善美的一种深深的敬畏感和尊重感，以及对其背后所隐藏的内涵的认识。

【学习目标】

- 敬畏的体验。
- 敬畏与崇敬的价值。
- 敬畏和崇敬神圣。
- 应用到生活和工作中。

【学习内容】

- 描述和体验敬畏某些事物的经历。
- 定义敬畏和崇敬神圣。
- 将敬畏融入工作中。

【学习活动】

认知层面——知晓

1. 协调员请参与者回忆一件生活中经历过的产生敬畏或感动的体验，可以闭上眼睛让回忆再现，或通过写、画来重温这种体验。

2. 参与者与同伴分享这种体验。

3. 协调员引导参与者分组讨论：是什么引发了你的敬畏——感动?

4. 协调员引入以下问题进行深入讨论：

（1）什么是敬畏?

（2）你是如何识别它的?

（3）身体、智力和情感方面的敬畏是如何表现的?

（4）敬畏在我们生活中的长期影响是什么?
（5）我们如何寻找敬畏?
（6）敬畏体验的源泉是什么?
（7）生活中的哪些因素消蚀着敬畏?
（8）在人类生活中敬畏的重要功能是什么?
（9）当人类不再心存敬畏时，将会发生什么?
（10）敬畏感是否抑制人类的幸福感?

概念层面——理解

5. 讨论中，协调员介绍部分对敬畏某事物的案例。
（1）宇航员埃德加·迈塞尔从月球上看地球：

我深深地吸了一口气，开始观察地球这一游动在浩瀚的空间中的星球——不可思议的美丽，像一颗蓝白色相间的宝石漂浮在广阔的黑色太空。我经历了一种宗教式的巅峰体验，在此我体验到了平时祈拜中神的存在，我知道宇宙中的生命不是随机过程中的偶然存在。

（2）凯尔文·开乐尔是空间探索中的一位制造师，他在《星球家园》一书中写道：

我想创造一个更高的关心地球的想象，我想将其提升到人们意识的一个部分。我认为这个世界需要安定——十万火急!

我是一个 38 岁的没有证书的能工巧匠——我是一个造船工，一个普通的签约人，一个山野农夫，一个渔民，每当我完成一个项目，我对自己说："这不是我一生所追求的终点，我感到自己已经浪费了我全部的生命。"

通过写这本书，我感到自己不是这本书的理想作者。我感到自己太粗俗、太无情、太急躁。在某一点上，任何一个宇航员都可以抛开我写这本书，——当这本书完成时，我的律师对我说："一个正常的编辑是不会编你这本书的。"

"但我不会放弃。每个人都有完成这本书的途径，并且可以做得很完美。然而，只要我不放弃就不会半途而废"。"告诉人们不要放弃，如果我能做到，任何人都能做到"。

协调员收集参与者对这两个描述的反响，与他们探讨作者的情感，他们的（引导创造性思维的）敬畏意识，他们在创造未来世界和人类中的位置。

6. 协调员解释这两个人的关于崇敬神圣价值的经验。他们的描述证明了敬畏意识可以引导出：

（1）在埃德加·迈塞尔对于从空间看地球的感受的描述中，有一种精神启示，或"认识到背后的什么。"

（2）在凯尔文的书中，通过对宇航员拍摄的照片的想象而闪现灵感的启发，向全人类传递出了对于美丽星球的敬畏意识、忠诚和使命感。

案例 1：

30 年苦钻成"专家"，创新时代的中国工人

够普通的岗位——吊车司机；够单调的工作——把货物从码头吊上车、船，或是从车、船吊到码头。30 个春秋就这样悄然而去。然而，人们说，30 年来，从他坚守的这个普通的操作台上流泻出的，不是单调的音符，而是一曲曲华美的人生乐章。

他，就是青岛港的吊车司机，一个只有初中文凭的桥吊专家，一个一年内就两次刷新世界集装箱装卸纪录的人——许振超。他在日记中写到：“悟性在脚下，路由自己找。”

在青岛港里，许振超虽然是工人，但从上到下都把他划到技术人员圈里。青岛港与英国铁行、瑞典马士基、中国远洋公司组建合资公司时，他反而进一步受到重用，被聘请出任专管设备和技术员的技术部固机部经理，手下工程师就有40多名，名正言顺地走进了技术管理人员的行列。最令许振超自豪的是，青岛港几乎不用请外人帮助修理桥吊设备故障，他们有能力自己排除。看着设备转得安全，许振超说：“这是对我最好的奖赏。”

案例 2：

从码头装卸工到集团副总裁、发明专家

现任上海国际港务集团股份有限公司副总裁的包起帆，曾经是一名码头装卸工。1968年，只有初中二年级文化水平的他被分配到上海港务局下属的一个码头干了6年装卸工，粉碎“四人帮”后才有机会重新学习。他1981年毕业于上海市第二工业大学，从此走上了创新之路。他说，20多年来，从装卸工到副总裁，我始终有一个观念就是“岗位可以变，创新不能停”。

多年来，包起帆和他的同事们先后完成了120多项技术创新项目，其中51项申请了国内或国际专利。至今已有3项获得了国家发明奖，3项获得了国家科技进步奖，17项获得了省部级科技进步奖，还有21项获得了日内瓦、巴黎、匹兹堡、布鲁塞尔、北京等国际发明展览会的金奖。2006年5月，他参加了巴黎国际发明展览会。在这全世界发明家群英荟萃的展会上，他一人独得4项发明金奖，成为该展会举办105年来一次得金奖最多的人，震动了整个巴黎。在谈到创新的体会时，包起帆说：“我把创新的过程比喻成种树，要选好的树种，加上精心的栽培，这样才会结出丰硕的果实。”

7. 协调员将此与其他一些价值观联系起来，与参与者共同思考总结：

（1）敬畏引出的最终价值是 Ecoricy 生态力，由哈曼先生定义为“使人具有创造世界的权威的才能、技能或个人的、组织的观念，这些观念就是人可以通过创造技术提升世界的美好与平衡，这种观念形成了一种世界范围的影响”。

（2）一个人可以将个人的生活、工作视为体现价值观的路径，通过他们的劳动，创造出精细质量的人类文明的遗产。在这样的路径中，有一条工匠之路，克林将其定义为：技艺，作为创造产品或从事艺术工作的资本，来提升包括我们生活在内的整个世界。

（3）另外一个更高境界的追求是平等与自由，表达每个人都具有与其他人同样的价值和权利。在这种情况下，一个人可以解放自己也能解放他人，成为真正的自我。这是哈曼先生提出来的一个作为人类的一项关键的价值意识。

（4）超越/卓越，运用精神的原则和超越，一个人可以通过接触智慧的源泉来获取全面的有远见的经验。

（5）研究独到知识，对真理和原则性质的系统的探求和深思，是我们积累真实经验的基础，其目标是创造出新的领悟和超前的意识，从而看到前人看不到的事物。

8. 协调员提出布莱恩·哈曼的思想来转移话题，他在《价值转移》这本书中写道：

人类每一个选择和决定。不是朝向恐惧、不信任、保持原有生存方式的引导，如法定地位等，而是朝向信任、风险和进一步发展的方向引导。我们的选择基于我们对世界的看法，我们相信世界是一个美好、奇妙的地方，还是认为世界是一个充满伤害，没有可信赖的不安全的地方。人类是要通过一个对面的“窗框”看世界的。

协调员和参与者共同反思与整合：

在每天媒体不断报道的全球仇恨、贪婪和暴力的新闻中，我们不难看出，一种对世界报有悲观主义的看法是如何形成的。或许还有一个选择，就像 Admiral 冬天蜷在南极营地小屋中，却以一种乐观主义的方式来回忆“绿色万物生长”。我们可以为了贡献而生存，在工作中、在自然界中、在艺术中寻求我们的新经验，照亮和鼓舞我们自己。我们可以跟着我们的英雄走，他们鼓励冒风险，敢于面对未知，独自带来奇迹，赢得人类的前景与新的可能。

9. 这一步骤是可以选择的，协调员可以鼓励参与者按下列题目做一个拼图，来重复前面学到的内容：

- 创造的精华和美妙。
- 创造自身。
- 我对未来的承诺。
- 协助创造的使命感。

情感层面——评价

10. 选择纪伯伦的《先知》引言导入：

> 很多人都会对你说，
> 工作意味着诅咒，劳动带来了不幸。
> 但我要告诉你，
> 当你工作的时候，
> 你在实现着人类最深远的梦想，
> 这个梦想从刚一诞生开始，
> 实现它的任务就落在了你的肩头。
> 只有不断地工作，你才能真正热爱生活，
> 只有通过劳动，你才能领悟到生活的真谛。
> 只有工作着，知识才不会浪费；
> 只有充满爱，工作才不会枯燥；
> 只有让爱伴随着工作，
> 你才会贴近自己的心灵，贴近别人，贴近上帝。

协调员启迪诱导参加者静心体味这首诗的深刻内涵。

11. 协调员请参与者对目前的工作进行深思并针对下列引导问题中的 3 个写出自己的答案。

- 我的工作是可敬畏——令人感动的吗？
- 我的工作很美好吗？
- 是工作召唤我还是我追求工作？
- 在我的工作成果中有什么精华吗？

- 我的工作能否促进真善美？
- 我的工作推动了工作的创造吗？
- 我能在工作中给后人留下什么遗产？
- 如何才能使我的工作变得更加充满愉悦，使我的生活更加简单？
- 什么可以使我体验到工作的幸福？
- 如何才能使我的工作更加富有创造性？

12. 协调员从参与者的回答中总结一些领悟和认识作为这一过程的成果。

活动层面——行动

13. 协调员要求参与者写出一份从本模块中获得的价值的总结，包括自己发现了哪些激动人心的东西，有哪些新的领悟等等。

14. 协调员要求参与者表达出来：他们将如何应用所有的体验和领悟，去应对目前的个人生活和工作。

活动设计：小组或个人、讨论或演讲等。

【所需材料】

- 记录着人类的成功人士为事业不懈奋斗的体验及人生感悟名言字幅。
- 关于社会成功人物的视听资料。
- 图标、图表。
- 纸和笔。
- 白板。
- 歌曲。

【评价方式】

通过本模块的学习交流，努力将自己获得的价值融入到生活与工作中去。

【建议读物】

1. 卢德斯. R. 奎苏姆宾，卓依·德·利奥. 学会做事——全球化中共同学习与工作的价值观［M］. 余祖光，译. 北京：人民教育出版社，2006.

2. 阿尔贝特·施韦泽，对生命的敬畏［M］. 上海：上海人民出版社，2006.

模块 35
探究内心平和

这一模块相关联的核心价值观是全球精神，全球精神是一种精神视野，是一种超越感，它可以使人看到所有客观存在的物质之间的整体性和相互关联。

这一模块对应的相关价值观是内心和平，即当一个人具有爱心和同情，并能与自己及他人和谐相处时，所感受到的一种宁静和快乐的感觉。

【学习目标】

- 通过讨论参与者对平和的个人经验，讲述内心平和。
- 通过想象，探究平和的感觉。
- 设想在生活中具有较多的平和、爱和同情的结果，并设法将其带到他们的行动中去。
- 将参与者分成三人一组交流分享经验，从而加深参与者对内心平和的理解，提高他们寻求内心平和的积极性，并且找出增加爱和同情的方法。
- 思考内心平和与世界和平的关系，以及它们与其他事物之间的联系。
- 让每个参与者创造一个鼓励自己保持内心平和、爱、同情与和谐的符号，并且与同伴们分享他们各自的符号。

【学习内容】

- 内心平和的个人感受和体验。

【学习活动】

情感层面——评价

1. 协调员请参与者欣赏图片和音乐，使其进入到自身的内心平和的状态。

2. 协调员指导参与者思考以下问题：

（1）看了以上图片你得到的是一种什么感受？

（2）你何时感觉到内心最为平和？

（3）哪些类型的思想或活动，帮助你感受到了内心平和？

（4）回忆一次在你的生活中，让你感觉到充满了内心的和谐的一件事。

3. 协调员引导参与者在全体学员面前讨论他们的答案。

4. 协调员要求参与者跟随他的指导：

“我想要你放松一会儿，仅仅回忆一次在你的生活中自己感到真正的平和。(1 分钟的暂停。)现在回想另一次你感觉到充满了内心的和谐（1 分钟的暂停）谢谢你”

协调员要求他们就近与一个身边的同伴，分享他们的愿望。

5. 协调员指导参与者进行一种内心平和想象练习。

“让我们做个试验，让大家能够体验到内心的平和。我希望在我对平和做出解释的时候，你们跟着我所说的话来做。”

协调员播放轻松的音乐，协调员慢慢地道出下列的解说，省略号处是暂短停顿。

“让你自己放松……平和地呼吸……让任何紧张离去……平和地呼吸……让任何紧张从你的脚底部离去……让你的整个身体放松……你的足趾……双脚……双腿……让你的腹部放松……你的背部……你的肩……脖子……脸部……深深地吸气，然后体会身体变得越来越轻……现在想象你自己在一个美丽的大自然中……也许是在大海边……看到海或想象海浪拍打着沙滩……也可以想象你在欣赏瀑布上跃出的点点水花……你可以想象自己在一片美丽的草地上……或在森林中……在你最喜欢的美丽的地方，感受自然的和平与宁静……允许和平柔和地围绕着你……将它吸入……让身体更加放松……现在你和自己独处……一切都如此地纯净，空气中弥漫着爱意……也许有一只小鸟飞来看望你……友好地唱着动听的歌谣……当你伸出手掌的时候，小鸟是不是就会飞来落在你的指尖？……当小鸟看着你的时候，你感觉如何？……让你的心中充溢着对小鸟的爱意……也充溢着对自己的爱意……在这个弥漫着的爱意中放松……让爱意抚平内心的痛苦……让爱使痛苦的边缘变得柔软……让痛苦逐渐消失……是你自己感觉被和平包围着……让自己感到和平就在你的心中……美好、和平和爱自然存在你内心……放松自己他们就浮现出来……还给你一个真正的自我……注意力聚焦在这一体验上……慢慢地把你的注意带回我们所在的房间……”

协调员播放一些轻松的音乐，给参与者充分的时间从体验中走出来。

概念层面——理解

6. 通过上面的情感体验，协调员告诉参与者：“其实我们每一个人都渴望内心的平和，但在现实生活中我们缺乏对内心平和的了解，也不知如何做到内心的平和”。

协调员介绍全球精神和国际教育和价值观教育亚太地区网络 APNIEVE 对于内心平和的定义，当一个人具有爱心和同情心并与自己及他人和谐相处时，所感受到的一种宁静和快乐的感受。

协调员告诉参与者：“现在，请思考一些问题。请继续在沉默中放松，针对下列的问题写下你的答案。”

（1）如果你想要达到平和，就随时都可以达到平和，你们想象一下，这样你的生活中会发生什么样的变化？这些变化具体会是些什么，会带来些什么感受？请写下你的回答（3～4 分钟的停顿）。

（2）回忆你生活的亮点——当你拥有了对自己或对他人的关爱和同情时（1 分钟的停顿），是什么帮助你拥有了对自己的爱和同情？请写下你的回答（2 分钟的停顿）。

（3）是什么帮助你拥有了对他人的爱和同情？请写下你的回答（3 分钟的停顿）。

（4）你认为内心平和对你的生活可能产生些什么影响？工作和人际关系将会如何影响你的生活？请写下你的回答（3 分钟的停顿）。

（5）你会采取哪些可能的实际的行动，使自己获得更大的内心平和？找出一些办法让自己能够享受这些行动，能够让自己乐在其中（3 分钟的停顿）。

（6）请写下能够帮助你充满内心平和的三个想法（2 分钟的停顿）。

7. 协调员把参与者分成 3 人一组，并要求他们分享在想象内心平和时的体验，和练习过后的感受。每个人在小组中，有 5 分钟时间进行分享、交流。

当回到全体之后，协调员问是否有人想要交流一两个来自小组的体验与收获的亮点。

8. 协调员最后总结，内心的平和需要：关爱、同情、理解、宽阔的心胸、宁静和快乐的感觉……

认知层面——知晓

9. 协调员告知参与者，“若干年前，人们完成了一个有趣的项目，项目的名称是全球合作——为了一个更好的世界。在这一项目中，来自 129 个国家、数以千计的、不同年龄的人聚集起来，他们各自具有不同的文化、宗教和社会经济状态，大家汇聚一堂共同想象一个更为美好的世界。他们想象的内容包括：在一个更为美好的世界中你会作何感受，这个世界中人与人之间的相互关系将会是什么样的？环境会变成什么模样？”然后协调员对参与者说：“如果我问你下列问题，你会回答我什么？”

（1）你想要世界成为什么样子？

（2）你想要环境成为什么样子？

（3）你希望有什么样的内心感受？

（4）你希望你的人际关系变得怎么样？

如果参与者反映是相似的，协调员可以说，“本质上每个人的答案都是相同的。每个人都想和平、关爱和快乐地居住在一个健康、干净、安全的世界里。无论来自什么文化背景，我们都分享共同的理想。我们不可能具有相同的风俗习惯，但是我们都希望能够有一个和平的世界。既然这样，为什么我们不去拥有它呢？”

“全球许多人士关心世界的状况。这世界对于数以百万计的人来说是一个可怕的地方。这里有腐败、残酷、偏见和无助的贫困。在联合国教科文组织的文件中说，战争与和平其实产生于人的头脑中。作为人类的我们既能创造，也能毁灭。如果你希望黑暗的房间中充满光明，你所做的就只是打开灯而已。我们能点燃我们所在世界的人性之灯。我们做得越多，就会激发更多的人也去做。我们能够改变，而且我们也正在改变——我们需要鼓起勇气，把绝望转换为动力，通过实现内心的平和，最终实现世界的和平。”

活动层面——行动

10. 协调员组织大家共同欣赏一些能够使自身内心平和的图片和短片，帮助大家找到和做到内心平和的途径和方法。

11. 协调员指导参与者设想一个能够帮助他们回归内心平和的符号，并创造出他们的符号（参与者使用蜡笔或水彩笔创造出他们的符号）。

12. 参与者围坐成一个圆圈，协调员要求每个人简短地分享他们各自的符号及其意义。

13. 协调员结束语：

（1）人们逃避家庭、城市、社会及自己的问题而逃至深山中去寻觅心内的平静。既然是要寻觅“心内”的平静，又怎么可能在“心外”寻到呢？

（2）人的欲望越少，内心越详和，但愿我们自己的心灵能在这浮燥的尘世中保留一份净土，能永远详和。

（3）如果你内心平和了，那世界就和平了。

【所需材料】

- 轻音乐。
- 彩笔或粉笔和白纸。
- 白板或带标记笔的大白纸夹。
- 为每个参与者准备的纸和笔。

【建议读物】

1. 卢德斯．R．奎苏姆宾，卓依·德·利奥．学会做事——全球化中共同学习与工作的价值观［M］．余祖光，译．北京：人民教育出版社，2006．

2. 李辉．平和，或者不安分——鲁迅文学奖散文获奖者丛书［M］．郑州：河南文艺出版社，2002．

3. 唐汶．学会选择 学会放弃［M］．北京：中国商业出版社，2004．